航天动力学与控制系列丛书

丛书主编　王　巍

浮体式卫星动力学与敏捷控制

赵艳彬　李　峥　著

化 学 工 业 出 版 社

北京航空航天大学出版社

·北京·

内 容 简 介

近年来,随着载荷分辨率水平及模式能力要求的不断提升,对卫星的姿态指向精度、姿态指向稳定度以及姿态机动过程中的稳定跟随能力提出了新的要求。本书正是在这样的背景下编写的。它不仅深入探讨了一种新型"浮体式卫星"的概念和原理,而且提出了一种全新的敏捷控制设计方法,突破了传统卫星控制的局限性,使得卫星在敏捷动中成像研究领域能够实现更高效、更精准的任务执行。

全书共分为 6 章,前三章主要介绍浮体式卫星的总体概念及其敏捷控制理论,后三章介绍浮体式卫星敏捷控制相关的单机以及仿真和试验系统研究情况。本书中大部分内容是作者近年来研究的新成果,既有理论研究结果,又结合工程试验验证情况,可供广大航天科技工作者参考。

本书可供高等院校宇航学科高年级本科生、研究生以及航天工作者,特别是从事卫星、航天器控制的科研人员和技术人员参考使用。

图书在版编目（CIP）数据

浮体式卫星动力学与敏捷控制 / 赵艳彬，李峥著
. -- 北京 ： 化学工业出版社，2024. 4
（航天动力学与控制系列丛书）
ISBN 978-7-122-45072-2

Ⅰ.①浮…　Ⅱ.①赵…②李…　Ⅲ.①航天器-飞行力学②航天器-飞行控制　Ⅳ.①V412.4②V525

中国国家版本馆 CIP 数据核字（2024）第 033182 号

责任编辑:张海丽　韩亚南　　　　　　　　　装帧设计:尹琳琳
责任校对:宋　玮

出版发行:化学工业出版社(北京市东城区青年湖南街 13 号　邮政编码 100011)
印　　装:中煤(北京)印务有限公司
710mm×1000mm　1/16　印张 12½　字数 215 千字　2025 年 7 月北京第 1 版第 1 次印刷

购书咨询:010-64518888　　　　　　　　　售后服务:010-64518899
网　　址:http://www.cip.com.cn
凡购买本书,如有缺损质量问题,本社销售中心负责调换。

定　　价:118.00 元　　　　　　　　　　　版权所有　违者必究

丛书序

作为航天领域学科体系里的核心学科之一,航天动力学与控制学科的进步与发展,对于促进航天科技创新、推动航天事业发展、加快建设航天强国具有重要意义。

航天动力学与控制学科以空间运动体为对象,主要研究其在飞行过程中所受的力以及在力作用下的运动特性,并以此为基础开展运动规划和运动控制研究,内容涉及轨道动力学与控制、轨道设计与优化、姿态动力学与控制、机构与结构动力学与控制、刚柔液耦合动力学与控制、空间内外环境扰动分析等诸多分支。

航天动力学与控制学科以航天工程需求为牵引,具有清晰的应用背景,在融合交叉其它学科理论和方法的基础上,发展了特有的动力学建模、分析、实验和控制的理论方法与技术,并应用于评估航天器动力学特性优劣和控制系统设计有效性,为航天器总体方案设计与优化、构型选择、控制系统设计、地面测试与试验、在轨飞行故障诊断与处理等提供依据。航天动力学与控制学科在航天工程各环节均发挥着重要作用,是航天任务顺利执行的基础和支撑。

进入 21 世纪,伴随着载人航天、深空探测、空间基础设施以及先进导弹武器等一系列重大航天工程的实施,对航天动力学与控制学科的新的重大需求不断涌现,为学科发展提供了源源不断的动力;另一方面,实验观测手段的丰富和计算仿真能力的提升也为学科发展提供了有力的保障。同时,以人工智能、数字孪生、先进材料、先进测试技术等为代表的新兴学科与航天动力学与控制学科催生出新的学科交叉点,前沿创新研究不断涌现。人工智能技术基于存储、记忆、预训练的应用模式为航天动力学与控制学科传统难题的解决提供了新途径:机器学习算法可以显著提升航天任务设计优化的效率;深度学习算法用于构造智能动力学模型、求解动力学反问题、提升动力学建模效率;强化学习则提升了航天器控制的自主性和智能化水平,为实现自主智能飞行打下基础。在学科交叉创新的推动下,航天动力学与控制学科历久弥新,不断焕发出勃勃生机。

2016 年 4 月 24 日,习近平总书记在首个"中国航天日"作出了"探索浩瀚宇宙,发展航天事业,建设航天强国,是我们不懈追求的航天梦"的重要指示。党的十九大报告和二十大报告进一步强调了建设航天强国的重要性,对加快建设航天强国作出重要战略部署,为我国航天科技实现高水平自立自强指明了前进方向。

为全面提升进出空间、探索空间、利用空间的能力,我国航天重大战略任务正在有序推进,重型运载火箭研制、新一代空间基础设施建设、空间站建设、探月工程和载人登月、行星探测和太空资源开发将逐步实施,这些重大航天任务都对航天动力学与控制学科提出了更多的新问题和新挑战。

《航天动力学与控制系列丛书》面向航天强国建设的战略需求,集中梳理和总结我国航天动力学与控制领域的优秀专家学者在理论方法和重大工程的研究和实践成果,旨在为我国航天动力学与控制学科的发展和国家重大航天工程研制提供理论和技术的支持与参考。丛书基本涵盖所涉及的航天动力学与控制领域的焦点问题,聚焦于轨道动力学、轨道优化与任务设计、姿态动力学与控制、编队与集群动力学等方向,着力阐述动力学原理、演化规律和控制方法,强调理论研究与工程应用及实践相结合。纳入新材料、柔性体、弹性体等前沿技术,依托高校的创新科研成果,充分反映当前国际学术研究前沿,以"新"为特色,厘清理论方法的发展脉络,为未来技术创新提供学科新方向。同时,依托科研院所参与国家重大航天工程的一手认识和体会,系统阐述航天工程中航天动力学与控制理论方法的应用和实践案例,为未来学科发展提供技术新牵引。

当前,我国正处于全面建设航天强国的关键时期,对航天动力学与控制学科的创新发展提出了更高的要求。本丛书的出版,是对新时代航天动力学与控制领域理论发展和实践成果的一次重要梳理,也为该学科未来的理论研究和技术突破启示了可能的空间。相信本丛书可以对我国航天科技领域学术繁荣和创新发展起到良好的促进作用。

2023 年 5 月

前言

随着对地观测在时空分辨率、观测模式、使用效能方面的要求不断提高，卫星的结构设计和控制策略面临着愈发严格的挑战。传统构型卫星在尺寸、结构复杂性和设计制作成本方面的限制，使其逐渐难以满足高指向性能卫星的设计需要。为了解决这一问题，一种新型的非接触式卫星平台构型——浮体式卫星应运而生。

浮体式卫星平台通过非接触式磁浮机构实现有效载荷与振源空间隔离，从而达到有效载荷的超高指向精度、超高稳定度以及稳定跟随控制。本书从理论基础和核心技术出发，结合作者团队多年从事卫星总体设计经验和应用背景，详细阐述了相关理论和应用技术。全书内容共分为6章，第1章为绪论，主要介绍浮体式卫星的概念和发展背景，阐述浮体式卫星的重要意义、国内外研究现象和本书主要内容。第2章为浮体式卫星的动力学部分，包括姿态运动学、姿态动力学和整体运动控制模型。第3章为浮体式卫星敏捷控制部分，包括载荷高精度控制、平台高动态控制和两舱主从协同控制。第4章为浮体式卫星敏捷控制系统关键单机介绍。第5章和第6章为浮体式卫星敏捷控制仿真与试验系统设计介绍。

本书的主体内容来自于国家重点研发计划"基于双超平台的超敏捷动中成像集成验证技术"项目，特别感谢北京航空航天大学房建成院士团队，哈尔滨工业大学葛升民教授团队、马广富教授团队、李立毅教授团队，浙江大学何闻教授团队，北京空间机电研究所孙世君研究员团队，武汉大学张过教授团队。除本书列出的主要作者外，南京航空航天大学廖鹤，东南大学谢进进，上海卫星工程研究所徐毅、唐忠兴、姚闯、廖波等对书稿相关技术积累、编写和整理给予了大力支持，在此由衷地表示感谢，感谢本书中所有引用文献的众多作者们。

本书撰写过程中，受到上海卫星工程研究所张伟研究员，特别是他的著作《浮体式航天器动力学与控制》的启发，从某种意义上讲，本书是对其关于敏捷控制及验证方面的补充。

　　由于笔者学识和水平有限，书中难免存在不当和有待完善之处，敬请广大读者和同行专家学者批评指正。

编著者

2023 年 11 月

目录

第 3 章 浮体式卫星敏捷控制方法 ————49

第 6 章　浮体式卫星敏捷控制地面验证 —— 171

符号表

符　号	定　义
m	质量
m_p	载荷舱质量，下标 p 代表载荷舱
m_s	服务舱质量，下标 s 代表服务舱
I	转动惯量矩阵
I_p	载荷舱转动惯量，下标 p 代表载荷舱
I_s	平台舱转动惯量，下标 s 代表平台舱
$I_{p,x}$	载荷舱 X 方向的转动惯量，下标 p 代表载荷舱
I_b	下标 b 代表卫星本体，I_b 代表本体坐标系的转动惯量矩阵
$I_{3\times3}$	3×3 单位阵
F	力
T	力矩
T_p	载荷舱控制力矩，下标 p 代表载荷舱
T_s	服务舱控制力矩，下标 s 代表服务舱
T_{dp}	载荷舱干扰力矩，下标 d 代表干扰
u_j	弹性位移
φ、θ、ψ	姿态角度（滚转角、俯仰角、偏航角）
ω	姿态角速度
ω_{pob}	载荷舱本体坐标系相对轨道坐标系的角速度在本体坐标系下的分量，下标 b 代表本体坐标系，o 代表轨道坐标系，p 代表载荷舱
ω_{sb}^{pb}	服务舱本体坐标系相对载荷舱本体坐标系的相对运动角速度在服务舱本体坐标系的分量

符　号	定　义
ω_{sib}	服务舱本体坐标系相对于惯性坐标系的角速度,下标 i 代表惯性坐标系
q	姿态四元数
q_{v}	误差四元数
q_{e}	姿态偏差四元数
$\boldsymbol{Q}_{\mathrm{e}}$	q_{e} 的向量部分
q_{esc}	量测偏差四元数
$\hat{q}$	陀螺估计姿态四元数
η	振动模态
λ	模态频率
l	位移
r	距离
$\boldsymbol{C}_{\mathrm{ba}}$	坐标系 a 到坐标系 b 的姿态转移矩阵
$\boldsymbol{C}_{\mathrm{poi}}$	J2000.0 地心惯性坐标系 $O_i X_i Y_i Z_i$ 到载荷舱轨道坐标系 $O_{\mathrm{po}} X_{\mathrm{po}} Y_{\mathrm{po}} Z_{\mathrm{po}}$ 的坐标转换矩阵
w_{p}	近地点辐角
f_{p}	真近点角
i_{p}	轨道倾角
Ω_{p}	升交点赤经
u_{p}	轨道角
$\boldsymbol{H}$	角动量
$\boldsymbol{M}$	质量阵
$\boldsymbol{K}$	刚度阵
$\boldsymbol{Q}$	耦合系数矩阵
$\boldsymbol{M}_{\mathrm{m}}$	磁矩
$\boldsymbol{X}(t)$	状态矢量
$\boldsymbol{Z}(t)$	观测矢量
$\boldsymbol{W}(t)$	系统噪声矢量
$\boldsymbol{v}(t)$	量测噪声矢量
$\boldsymbol{\Phi}(t)$	状态转移矩阵

符　号	定　义
P	稳态黎卡提方程的对称正定解
V^*	最优指标
$C_{\text{sb}}^{\text{pb}}$	服务舱本体坐标系到载荷舱本体坐标系的转换矩阵，下标 sb 代表服务舱本体坐标系，上标 pb 代表载荷舱本体坐标系
ω_{g}	陀螺输出的角速度测量值
n_{v}	陀螺的测量噪声
$\delta(t)$	脉冲函数
n_{u}	长期漂移速率偏差
$G(s)$	开环传递函数
$k_{\text{p}}、k_{\text{i}}、k_{\text{d}}$	PID 参数
E	均值
σ	标准差
f_k^{pb}	第 k 个作动执行机构在载荷舱本体系下的作用力矢量方向
L_k^{pb}	载荷舱质心到第 k 个作动执行机构安装位置的矢量
F_k	第 k 个作动执行机构的作用力大小
F_k^{pb}	载荷舱受到第 k 个作动执行机构的作用力
T_k^{pb}	载荷舱受到第 k 个作动执行机构的作用力矩
$L_k^{\text{pb}\times}$	矢量 L_k^{pb} 的叉乘矩阵
F^{pb}	载荷舱受到的所有作动执行机构合成作用力

缩略语表

缩略语	英文	中文
ESA	European Space Agency	欧洲航天局
DFP	Disturbance-Free Payload	无扰载荷平台
PID	Proportional Integral Derivative	比例积分微分
TDI	TimeDelay Integration	时间延迟积分
TDICCD	Time delay integration charge-coupled device	时间延迟积分电荷耦合器件
SS	Star Sensor	星敏感器
RIG	Rate Integrating Gyroscope	速率积分陀螺
RMM	Robust model matching	鲁棒模型匹配
PD	Proportional Derivative	比例微分
ADS	Angular Displacement Sensor	角位移传感器
PCB	Printed Circuit Board	印制电路板
MCU	Microcontroller Unit	微控制单元
DAC	Digital Analog Converter	数字模拟转换器
ADC	Analog Digital Converter	模拟数字转换器
AOCC	Attitude and Orbit Control Computer	姿态轨道控制计算机
CMG	Control Moment Gyro	控制力矩陀螺
SGCMG	Single Gimbal Control Moment Gyro	单框架控制力矩陀螺

缩略语	英文	中文
PWM	Pulse Width Modulation	脉冲宽度调制
PFD	Phase Frequency Detector	鉴频鉴相器
LF	Loop Filter	环路滤波器
VCO	Voltage Controlled Oscillator	压控振荡器

第**1**章
绪　论

对地观测是保障国家利益和争取国际发言权的重要手段,遥感获取的战略性空间信息及其应用直接关系到国家利益和相关领域国际竞争,高分辨率对地观测是《国家中长期科学和技术发展规划纲要》部署的重大专项之一。除此之外,正在论证的下一代空间基础设施卫星系统技术规划中大比例尺立体测绘及高性能空间科学等都对天基信息获取提出了高分辨率、高时效及高价值的需求。这要求卫星平台不仅具有超高敏捷机动能力,且在姿态变化过程中具有较高稳定度,以支持敏捷动中成像,从而提升卫星成像效能。

当前,依托高分辨率对地观测系统重大专项,我国已初步建成高分对地观测卫星系列,具备亚米级遥感影像获取能力[1]。围绕创新驱动发展战略,以"一带一路"、建设海洋强国、新型城镇化与经济转型升级发展、智慧城市、灾害综合防范等重大需求为牵引,同时为满足资源与环境、国土普查与测绘、气象与海洋环境、农业与生态、公共安全等领域对于高空间分辨率、高时间分辨率的数据需求,需要大幅提升我国高分辨率卫星的快速、大范围、多模式数据获取及应用能力,以显著提升我国地球观测与导航科技创新的国际竞争力和服务国家经济社会发展与全球战略实施的支撑能力。

遥感作为目前人类快速获取全球和大区域空间信息的唯一手段,其获取的信息是国家战略资源,是国家综合国力和核心竞争力的重要标志。发展卫星遥感基础设施与占领未来战略性新兴产业制高点息息相关。卫星遥感是提升全球地理空间信息保障能力的重要组成部分,创新性遥感技术是未来遥感技术的发展方向,也是我国未来赶超国外遥感大国的重要契机。

敏捷卫星主要用于地球观测及其相关科学研究[2],一般具有较小的体积和重量,其能够以较高的分辨率和较快的重访周期获取地球表面的图像和数据,通常搭载各类有效载荷,如可见光摄影机、红外相机、雷达等,可用于监测和研究大气、海洋、地质、生态等方面的变化[3]。敏捷卫星被广泛应用于城市规划、农业、气象、灾害监测等领域[4]。由于具备快速反应能力和高分辨率观测能力,敏捷卫星在科学研究和应急响应方面发挥着重要作用。

当前高分敏捷卫星面临卫星飞行轨迹的固定性与任务的突发性、多样性间的矛盾[5],传统遥感探测技术采用接触式一体化卫星平台,利用多级隔振复合控制来提升精度[6],能力有限,同时,敏捷能力对控制力矩陀螺提出更高的要求,研制难度大,而且已经成功发射的小型敏捷卫星无法在保障成像质量的情况下满足分辨率要求。因此,发展"新机理新体制先进遥感探测技术"势在必行。

本书面向高分辨率超敏捷动中成像应用需求,基于浮体式卫星平台,对其超敏捷机动中的动力学及控制开展相关基础理论方法、关键技术与试验验证研究,可为扩展浮体式非接触卫星平台的应用效能奠定理论和技术基础。

1.1 高分敏捷卫星发展概述

关于高分辨率对地观测卫星的研究国外起步较早,该技术也一直是卫星技术的研究热点,在不断提高分辨率的同时,追求超敏捷动中成像能力是当前的重要研究方向。

美国地球眼卫星公司于 1999 年 9 月 24 日成功发射的 Ikonos 卫星(图 1.1)是第一代商用陆地观测卫星,用于为军民用户提供高分辨率卫星遥感图像,其全色分辨率为 1m,沿轨和穿轨的侧摆能力达 ±30°,最大机动角速度达 4°/s,最大机动角加速度可达 $0.2°/s^2$。

Quickbird 卫星(图 1.2)是由美国 DigitalGlobe 公司于 2001 年 10 月 18 日发射的亚米级分辨率的商业卫星,卫星影像分辨率为 0.61m,沿轨与横轨方向具备侧摆 ±25° 的能力。

图 1.1 Ikonos 卫星

图 1.2 Quickbird 卫星

英国萨瑞大学为土耳其研制的 BILSAT-1 是低轨地球卫星,如图 1.3 所示,于 2003 年 9 月 27 日发射,整星质量约为 130kg,平均姿态机动角速度达到 2°/s,最大姿态机动角速度达到 6°/s。

欧洲航天局(European Space Agency,ESA,简称欧空局)研制的 Pléiades 系列卫星(图 1.4,分别于 2011 年 12 月和 2012 年 12 月成功发射)是国际上首次实现敏捷动中成像的卫星。Pléiades 卫星角分辨率为 1.01μrad,重量约为 1t,卫星配置 4 个 Teldix 公司的控制力矩陀螺,单个控制力矩陀螺的最大角动量及输出力矩为 15N·m·s、45N·m,使卫星具备绕滚转、俯仰轴 60°/25s 的机动能力。输出力矩精度

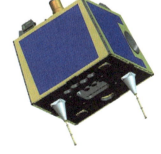

图 1.3 土耳其 BILSAT-1 卫星

达到 10^{-3} N·m 量级,保证整星姿态控制精度及稳定度,能够在姿态机动过程中保持较高姿态稳定度,不再受"先机动到位再推扫成像"限制。

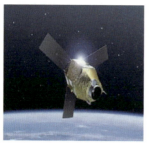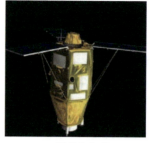

(a) Pléiades01　　　　　　　　　　　　(b) Pléiades02

图 1.4　Pléiades 星座系列卫星

由 Spot Image 和 Infoterra 携手 Astrium 地理信息服务部门合作研制的 Spot6 卫星和 Spot7 卫星(图 1.5)分别于 2012 年 9 月和 2014 年 6 月成功发射,与之前的 Pléiades 两颗卫星共同布局,提供全球遥感商业服务,其指向精度优于 0.0287°,机动速度达到 12°/30s,具备侧摆±45°的能力。

(a) Spot6　　　　　　　　　　　　　(b) Spot7

图 1.5　Spot6/7 星座

Sentinel 星座计划(图 1.6)由 ESA 设计和开发,于 2016 年之后相继发射用于全球对地观测,该系列卫星为各类军事任务提供独立作战的能力,可对地球进行连

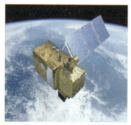

(a) Sentinel-1　　　　　　(b) Sentinel-2　　　　　　(c) Sentinel-3

图 1.6　Sentinel 星座系列卫星

续的雷达测绘,适用于长时间、长序列的作战服务和应用。姿态稳定度在 $10^{-3}°/s$ 量级,其姿态机动角速度可达到 $2°/s$。

WorldView 系列卫星(图 1.7)由美国 DigitalGlobe 公司制造,其重量约为 2.5t,均采用控制力矩陀螺作为姿态控制执行机构,具有快速定向和敏捷机动能力,能实现 $\pm 40°$ 的侧摆。其中 WorldView-1 角分辨率为 $1.01\mu rad$,具备姿态角加速度 $2.5°/s^2$、姿态角速度 $4.5°/s$ 的机动能力,姿态角度误差为 $0.0578°$。后续 WorldView-2/3 扩大了相机口径,在提升分辨率的情况 WorldView-2 具备姿态角加速度 $1.5°/s^2$、姿态角速度 $3.5°/s$ 的机动能力、姿态角度误差为 $0.0372°$;WorldView-3 姿态角度误差为 $0.0464°$;而 WorldView-4 由于控制力矩陀螺故障导致卫星失效。

(a) WorldView-1　　　(b) WorldView-2　　　(c) WorldView-3　　　(d) WorldView-4

图 1.7　WorldView 系列卫星

WorldView 卫星采用 4 个 Honeywell 公司的 M95 型控制力矩陀螺,角动量和力矩输出范围分别在 $25\sim75N \cdot m \cdot s$,$0.075\sim75N \cdot m$,其转子转速控制精度为 $\pm 2\%$,静不平衡为 $0.6g \cdot cm$,动不平衡为 $15g \cdot cm^2$,在姿态机动过程中难以保证稳定度及动中成像能力。基于上述技术基础,WorldView 系列卫星已具备多点目标观测、同轨立体以及多条带拼接等成像模式。WorldView 系列卫星是中型高分敏捷卫星的典型代表,但由于重量较大,其敏捷能力与敏捷过程中的稳定性能由于受到力矩陀螺性能以及平台设计方法的影响,当前还不能完全实现超敏捷动中成像能力。

国外主要的高分卫星平台如表 1.1 所示。

表 1.1　国外主要高分卫星公用平台

国家或地区	公司	通信卫星平台	遥感/微小卫星平台
美国	洛马	A2100 系列	LM-900 LM-1200
	波音	BSS-601;BSS702	—
	劳拉	LS-1300	—
	轨道科学	STARBus	LEOStar-2;300 系列
	诺斯格鲁曼	—	T100/200A/310/330
	鲍尔宇航	—	BCP-2000/4000/5000

续表

国家或地区	公司	通信卫星平台	遥感/微小卫星平台
俄罗斯	信息卫星系统	Ekspress-1000 Ekspress-2000	—
欧洲	泰勒斯-阿莱尼亚	SpaceBus-3000 SpaceBus-4000	
	阿斯特里姆	EuroStar-3000	SPOT MK2/MK3； AstroBus-1000/L
	萨里	—	SSTL 系列
以色列	宇航工业	AMOS	OPSAT-2000/3000

表 1.1 所示卫星平台中,轨道科学公司 300 系列平台姿控水平较高,其具体性能如表 1.2 所示。

表 1.2 轨道科学公司的 300 系列平台性能

平台名称	平台质量	承载重量	指向精度(3σ)	姿态稳定度(3σ)	机动性能
300 系列	1169kg	3000kg	≤0.01°	≤0.00003°/s	侧摆±60°

其通过载荷平台一体化设计,姿态指向精度和稳定度分别达到 0.01° 和 3×10^{-5}°/s,广泛应用于高精度测绘卫星等。此外,欧洲阿斯特里姆公司的 AstroBus-1000 平台质量为 940kg,机动性能可达到 60°/25s。

国内关于高分敏捷卫星的研究较国外起步较晚,但近年来发展迅速。中国空间技术研究院、上海卫星工程研究所、哈尔滨工业大学等科研机构和高等院校都在开展研究,一些商业航天公司也在大力发展高分敏捷卫星相关技术。

北京空间飞行器总体设计部研制的首颗民用亚米级分辨率国产卫星高分二号具备 35°/180s 的机动能力,中国东方红卫星股份有限公司(简称"东方红卫星公司")研制的高分九号具备 25°/30s 的机动能力。北京空间飞行器总体设计部研制的高分多模综合成像卫星将具备更高的空间分辨率,且敏捷能力与高分九号相当。东方红卫星公司的 CAST3000 具备任意轴 25°/30s 的机动能力,增强型敏捷卫星平台 CAST3000E 在轨实现敏捷机动能力可达 25°/10s,整星姿态角速度稳定度优于 2×10^{-5}°/s。基于该平台的"北京三号"卫星在任意航迹成像时角速度达到 2°/s。

"吉林一号"卫星星座是长光卫星技术有限公司自主研发的我国重要的光学遥感卫星星座,目前已有 29 颗卫星在轨运行。卫星均具备 ±45° 的大角度侧摆能力,机动角速度大于 2°/s。"吉林一号"主要用于进行灵巧动中成像模式的在轨验证工作,但是由于该卫星分辨率较低,对控制精度及像移补偿精度要求相对较低,其技术无法直接应用于中型高分敏捷卫星。

2020 年 9 月,上海卫星工程研究所成功发射的敏捷小卫星——新技术试验卫星 C 星、D 星,具备条带拼接等多种工作模式,C 星、D 星三轴控制精度优于 $0.05°$ (3σ),三轴测量精度优于 $0.01°(3\sigma)$,三轴稳定度优于 $0.001°/s(3\sigma)$,D 星绕任意空间轴姿态机动能力优于 $85°/60s$。

国内航天单位研制的典型高分敏捷卫星如图 1.8 所示。

(a) 北京三号A卫星　　　　　　　　(b) 北京三号B卫星

图 1.8　国内典型高分敏捷卫星

1.2　浮体式卫星发展概述

目前传统的高分敏捷卫星的技术途径均是采用接触式卫星平台,通过控制力矩陀螺与多级复合隔振措施实现。但由于卫星平台复杂的微振动与挠性干扰影响,以及控制力矩陀螺高精度与大力矩兼备技术瓶颈的限制,其敏捷机动能力与机动过程中的精度难以同时得到保证。

为了从根本上解决平台微振动对有效载荷的影响,美国 Lockheed Martin 公司提出了一种新颖的非接触式无扰载荷卫星平台架构(disturbance-free payload, DFP),计划将应用于下一代高分超敏捷对地观测、空间科学等任务中,其公布的干扰抑制性能为 $40\sim80dB$,比传统平台多级复合隔振的性能高 2~3 个数量级[7]。

DFP(图 1.9)将传统的卫星分为有效载荷与平台两部分,两者之间通过非接触传感器与执行器相互作用,理论上可以提供低至零频率的振动隔离。仿真演示表明该架构可将卫星的指向和隔振性能提高 2 个量级以上,这是浮体式卫星平台的理想原型[8,9]。

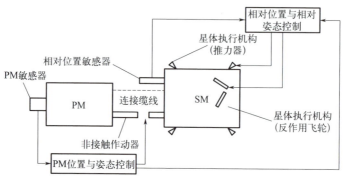

图 1.9　无扰载荷卫星原理结构

图 1.10 所示为搭建的无扰载荷平台的地面二维试验系统[10]，利用气浮台模拟三自由度卫星运动，控制系统采用 PID 控制，平台舱采用飞轮作为执行机构，试验结果验证了其具有优异隔振性能。

图 1.11 所示系统对试验模型进行了改进，提出将无扰载荷平台架构用于敏捷卫星的方案，并通过仿真对其可行性进行了分析[11]。

图 1.10　无扰载荷平台地面二维试验系统

图 1.11　无扰载荷平台地面敏捷试验系统

高性能无扰平台采用的关键隔振装置为音圈电机，其结构如图 1.12 所示。

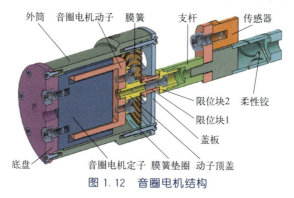

图 1.12　音圈电机结构

由于在设计音圈电机时支杆与电机动子之间加了与电机定子相连接的膜簧，导致平台高频微振动还是会传递到载荷端，使得音圈电机隔振性能下降，影响了载荷的姿控性能。但其提出的此种非接触式隔振理念，为新一代高性能卫星的发展提供了重要的思路。

DFP 的概念一经提出，针对其相关应用的研究便应运而生，如太空望远镜、空间激光通信系统等[12-16]。一系列的理论分析与仿真模拟表明，DFP 在隔振、高精度指向等卫星性能指标方面表现优异，同时可简化机械结构与控制系统，具有非常广阔的应用前景。

国内上海卫星工程研究所在 DFP 的思想的基础之上，提出基于"振源与载荷动静隔离、控制主从协同"的卫星平台设计方法，八杆非接触磁浮机构构型的非接触卫星平台（浮体式卫星平台），如图 1.13、图 1.14 所示，采用载荷为主、平台为辅的协同控制策略，解决了传统设计中平台微振动导致载荷指向精度和稳定度难以提升的瓶颈问题[17,18]。

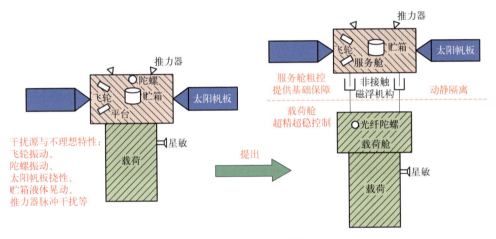

图 1.13　浮体式卫星概念图

在科技部重点研发计划、民用航天预先研究、国家自然科学基金等国家重大预研项目的支持下，上海卫星工程研究所搭建多型浮体式卫星平台地面试验系统，在其原理验证、控制方法等方面取得一系列重大成果，如图 1.15～图 1.17 所示。目前已成功发射两颗卫星，在轨试验结果验证了浮体式卫星平台的超高控制性能。

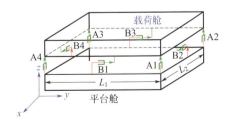

图 1.14　八杆磁浮机构构型示意图

图 1.15　浮体式卫星平台双五自由度地面试验系统

图 1.16　"精致高分"试验卫星

图 1.17　"羲和号"太阳探测科学
技术试验卫星

　　北京控制工程研究所提出一种如图 1.18 所示的超静平台结构,采用 Stewart 平台将有效载荷与平台进行物理隔离,通过两级协同主被动一体化控制实现振动隔离与载荷的高精度指向。同时针对该平台的建模、连接线缆影响及控制方法开展了相关研究[19-21]。

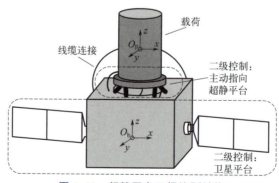

图 1.18　超静平台二级控制结构

1.3　卫星姿态控制发展概述

姿态控制方法是卫星控制的关键环节,其设计优劣对卫星性能会产生重要影响。为了解决卫星姿态控制,特别是敏捷机动控制当中的问题,众多学者开展了大量富有意义的研究工作。

敏捷卫星的姿态控制是一类多输入多输出的非线性、强耦合系统,李雅普诺夫(Lyapuno)理论是设计姿态控制律、实现闭环系统稳定的主要手段。随着控制理论和控制技术的发展,姿态控制方法研究的逐渐深入,越来越多的先进控制方法被应用于卫星姿态控制的研究。目前卫星姿态控制主要解决的问题包括姿态的调节、跟踪与大角度快速机动,系统不确定性与摄动,挠性振动,环境干扰力矩,姿态角速度与执行机构输出饱和等问题。

① 在卫星姿态的调节、跟踪与大角度快速机动控制方面,传统的控制方法基于卫星线性化模型,采用线性系统理论中常用的方法来解决问题。最经典的是基于输出反馈的 PID 控制及其改进方法。但敏捷卫星的快速机动与稳定控制系统是一个强耦合的非线性系统,PID 控制在解决这些问题时效果并不理想。根据任务需求及卫星性能和精度要求不断提高,先进控制方法应用研究得以迅速发展,如有学者采用基于有限时间收敛原理和终端滑模原理设计有限时间控制[22],提高了系统动态响应速度。引入全局姿态规划,预先生成具有时间特性的机动轨迹并用于在线跟踪控制。

② 针对姿控系统的不确定性与摄动,控制目标是提升系统的鲁棒稳定性。对于该问题的研究,目前各类 PID 方法已经有了较为成熟的工程应用,而先进的方法如最优控制、自适应控制和鲁棒控制等方法也有成功的在轨用例。

③ 卫星结构挠性与活动部件振动影响是卫星平台不可忽略的另一问题。除了采用主动、被动或者主被动相结合的方法对挠性振动进行隔离外,控制方法也被研究应用于挠性振动抑制,如鲁棒 H∞ 控制方法等在轨试验取得了较理想的控制效果。此外,通过引入六自由度的扩张观测器,使系统在不依赖模型参数未知扰动的同时观测并消除全局扰动,提高了卫星姿态控制系统的抗干扰能力。

④ 卫星在轨飞行时会受到各种外干扰力矩影响,如重力梯度力矩、太阳辐射力矩、气动力矩以及地磁力矩等。一般的干扰力矩无法进行精确估算。当卫星受这些干扰力矩的影响较大时,姿态控制系统的设计必须考虑干扰力矩的抑制问题以提高姿控系统的性能指标。

⑤ 姿控角速度与执行机构输出饱和是卫星姿控系统中会实际碰到的另一问

题,当饱和发生时,系统很容易失去稳定。有研究分别基于模糊控制、自适应控制和滑模变结构控制对传统 PID 控制律进行改进,改进后的控制律不仅提高了响应速度,而且能够避免执行器饱和。也有学者通过选取非线性饱和函数来解决控制输入饱和问题[23],对待积分误差引起的饱和,常用的方法是设计抗积分饱和控制器。利用线性矩阵不等式求解具有饱和约束的控制器,通过补偿控制为姿态控制系统引入抗饱和特性。针对推进器类执行机构的饱和非线性输出特性完全位置的情况,可利用径向基函数神经网络的逼近能力构建自适应控制器,有效补偿输出饱和对变轨阶段姿控系统性能的影响。

除了上述问题,当姿控系统采用控制力矩陀螺作为执行机构时,为了使控制力矩陀螺群能够尽量避免进入奇异状态,一般采用在奇异点附近的框架角速率偏离指令角速率,如鲁棒伪逆操纵律,这样执行机构实际输出的力矩不能完全跟踪指令力矩,因此在设计姿态控制方法时必须考虑到执行机构的动力学模型和操纵律的选择。

在浮体式卫星平台设计思想提出之后,对其控制的研究也得到广泛开展,目前的研究大多数集中于平台的建模、线缆影响、平台的稳定及避碰控制等方面。

① 在动力学建模方面,通过分离式卫星碰撞过程中的连续接触力模型,对碰撞过程中产生的接触力对载荷模块指向精度和指向稳定度的影响进行了分析,开展了两舱间六自由度相对运动动力学建模研究[24]。

② 针对线缆影响及其建模,建立了平台的耦合动力学模型,分析了非接触执行器的反电动势和舱间连接线缆刚度对两舱耦合特性的影响。针对舱间连接线缆对有效载荷指向精度的影响开展了建模研究,对连接线缆的振动传递特性进行了分析。基于拉格朗日法,对有柔性连接的分离式磁耦合卫星刚柔耦合动力学开展了建模研究,指出了柔性线缆对载荷模块的性能影响明显。针对两舱间带有柔性线缆的无扰载荷平台,开展动力学建模与隔振性能仿真分析研究,通过仿真分析了柔性线缆对平台隔振性能的影响[25]。

③ 对于浮体式平台的控制,目前的研究大多聚焦于稳态性能的提升和两舱间的避碰策略。有学者提出一种基于模型预测控制的无扰载荷平台两舱避碰控制策略,通过仿真验证了所提控制策略的有效性。针对两舱之间的相对运动,采用滑模控制方法同步实现相对位置和相对姿态控制。面向浮体式平台应用于重力测量任务的场景,采用基于扩张状态观测器的方法实现载荷的抗扰控制。

相关研究提出一种新颖的浮体式平台架构与控制设计,增加用于两舱相对运动控制的机械手,解决传统架构中非接触执行器相对位置控制对系统性能的不利影响,利用仿真结果表明了所提出的架构较传统架构增强了隔离能力,且有利于载荷的机动。

针对浮体式平台在动力学建模、控制方法、地面试验系统设计方面,有研究者通过数学仿真分析了浮体式平台在振动隔离与载荷超高精度指向方面的优异性能。研究双体卫星对日定向的姿态机动控制方法,载荷舱采用变增益 PD(比例-微分)控制策略,对平台舱飞轮动态特性采用反步控制律进行补偿,提高两舱的协同控制性能,但其未考虑两舱耦合力矩的影响。

1.4 基于浮体式平台的超敏捷动中成像概念

1.4.1 浮体式卫星平台内涵

与传统卫星固连式设计方法不同,浮体式卫星采用非接触设计。因此,浮体式卫星与传统卫星设计方法的第一大不同特征为:采用非接触磁浮机构将卫星设计成相对独立又有机结合的两部分,其中一部分称为载荷舱,另一部分称为平台舱,两者之间无物理连接,从而实现振源与载荷空间上动静隔离,如图 1.19 和图 1.20 所示。

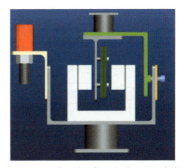

图 1.19　浮体式卫星平台原理结构　　　图 1.20　非接触磁浮机构原理结构

其中,载荷舱安装有磁浮机构磁钢部分、载荷、姿态敏感器(星敏感器、光纤陀螺等)等,载荷舱是安静舱段。平台舱安装磁浮机构线圈部分、飞轮、贮箱、喷气装置、太阳帆板等,平台舱是嘈杂舱段。两舱之间通过磁浮机构连接,从而实现两舱的非接触设计,使得平台舱振动和干扰不会传输至载荷舱,达到两舱动静隔离的效果。与此同时,载荷舱与平台舱又是有机结合的,两者间通过无接触的相对位置传感器和由柔性电缆实现能量、信号传输的方式有机联系为一颗完整的卫星。

从上面的动静隔离设计可以看出,若需要平台舱和载荷舱组成一颗完整的卫星,则浮体式卫星的控制系统就必须为传统固连式卫星增加控制环路,以保证两舱间互为跟随的关系。同时,为了满足载荷自身的高精度指向和稳定度,降低平台的干扰影响,浮体式卫星与传统卫星设计方法的第二大不同特征为:改变传统卫星以平台为基准的控制策略,浮体式卫星姿态控制以载荷舱为主,载荷舱姿态由磁浮机构实现,平台舱跟随载荷舱,为随动控制。载荷舱与平台舱之间的相对位置由无接触相对位置传感器测得,当位置达到阈值时,由磁浮机构对两舱相对位置进行调节,保证两者相对位置在一定的阈值范围内,防止碰撞。这样的非接触设计使得载荷舱免于各种干扰[26],使得载荷舱能够实现超高稳定度超高指向精度控制目标。

为了保证载荷舱和平台舱长时间的动静隔离效果,浮体式卫星相对传统卫星而言,必须保证载荷舱与平台舱之间的相对位置在一定的范围内跟随。同时,为了满足任务需求,载荷的超高稳定度超高指向精度控制是一大关键。此时,若采用传统卫星以平台为基准的策略,以载荷舱跟随平台舱,平台舱自身的影响依然会反馈给载荷舱的控制链路。因此,浮体式卫星采用主从互换的策略,即以载荷舱为基准,平台舱跟随载荷舱从动。此时,由于载荷舱中没有干扰部件,载荷舱可视为刚体,剩余的干扰仅为外部大气阻力等低频扰动,同时由于磁浮机构的输出力主要取决于电流,与定子、动子相对位置基本无关,而电流的控制精度非常高,又易于实现,因而载荷舱具备超高稳定度、超高指向精度控制的可行性。此外,为了避免平台舱跟随载荷舱的从动控制对载荷舱控制精度的影响,采用八杆磁浮机构通过算法设计协同解耦策略,降低载荷舱主动控制与平台舱从动控制间的耦合性。综上所述,浮体式卫星"主从互换、协同解耦"的控制策略如图1.21所示。

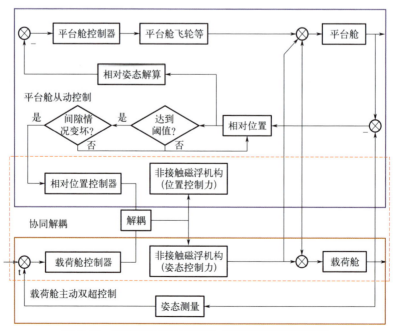

图 1.21　浮体式卫星主从互换、协同解耦控制策略图

1.4.2 超敏捷动中成像概念

传统的敏捷遥感卫星,机动到位稳定后才能成像,机动过程中不能成像;只能沿迹(沿着或平行于飞行轨迹)推扫成像,且连续成像时成像参数保持不变。因此,传统的遥感卫星只能进行稳态成像。

超敏捷遥感卫星,具备高性能的姿态机动能力,姿态机动速度很快,机动过程中很稳,视轴确定精度很高,不仅可以稳态成像,还可以在机动过程中成像(即动中成像);既可以沿迹推扫成像,也可以非沿迹推扫成像;连续机动成像时成像参数连续变化。因此超敏捷遥感卫星既可以进行稳态成像,也可以进行非稳态成像(动中成像),可极大地提高卫星使用灵活性和观测效率,具有重要的应用前景。

高精度的敏捷卫星平台一方面对敏感器及姿控执行机构的性能提升提出了更高要求,另一方面也为创新平台设计思路与控制方法带来新的挑战。传统卫星平台采用载荷与平台固连的设计方法,由于存在活动部件和挠性附件,受限于当前控制产品性能,导致星上复杂的微振动难测难控,对卫星指向精度和稳定度造成严重影响。尽管当前采用的被动、主动及主被动结合的隔振方法取得了一定成效,但各自都存在一定的抑制局限,卫星的指向精度与稳定度难以得到进一步提升。

此外,传统卫星平台载荷跟随平台机动,导致敏捷机动("快")与机动过程中的稳定度("稳")对单一的姿控执行机构提出了兼备大力矩与高精度输出的难题,面临"快"与"稳"相互制约的矛盾,平台的复杂微振动与挠性干扰会进一步加剧上述矛盾,从而使机动过程中稳定度不高,且到位后稳定时间较长,对卫星的动中成像产生恶劣影响。

综合上述对高分敏捷卫星发展及浮体式卫星平台发展现状可知,随着控制力矩陀螺等执行机构的深入应用,敏捷卫星平台的机动能力越来越强,但目前看来,传统的载荷平台固连设计的卫星敏捷机动中的稳定度不高,难以满足未来新型空间任务机动中成像对平台超高稳定度的要求。

浮体式卫星平台采用磁浮机构将载荷与平台隔离,由于磁浮机构的近似零位移刚度特性,平台舱挠性振动不会传输到载荷舱,从而使载荷指向精度和稳定度较传统平台有量级的提升。对于敏捷机动,浮体式卫星平台可以发挥磁浮机构的高精度高带宽输出和力矩陀螺大力矩输出的优势,能同时做到敏捷机动过程中保持高姿态稳定度,满足高分遥感、大比例尺敏捷立体测绘及空间科学等新一代空间任务需求。

超敏捷动中成像即在卫星超敏捷机动过程中,通过卫星姿态指向和稳定度控制,以及相机的自主参数匹配,确保成像的像移运动速度、方向与TDI(时间延迟积分)一致,保证图像的高品质辐射几何质量,从而实现卫星超敏捷机动中的高品质成像。

目前高分辨率光学遥感采用的 TDICCD 线阵推扫成像技术,其原理如图 1.22 所示,通过对同一目标多次曝光的工作原理使得焦平面上总的曝光时间增加,从而解决了航天相机采用小相对孔径光学系统时光能量不足的难题,获得足够的光电灵敏度和信噪比。TDICCD 成像需要保证线阵推扫方向与目标像移方向一致,并实现光生电荷包转移速度与目标像移速度匹配以确保成像质量,任何误匹配都将导致图像模糊。由于卫星高速运行与姿态机动,成像目标随地球自转等因素,使 TDICCD 线阵移动方向与目标像移方向会出现一定的角度偏差,称为偏流角;卫星平台飞行姿态的指向精度,以及稳定度变化、偏流角变化、轨道速高比变化、高频抖振等因素,都会导致相机在积分成像过程中产生像移,使图像质量下降。因此,实现超敏捷动中成像的核心在于保证像移运动速度、方向与 TDI 一致,即像移匹配。

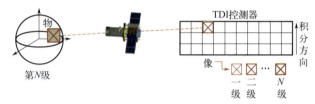

图 1.22　TDICCD 线阵推扫成像原理示意图

1.5　本书内容安排

目前,针对浮体式卫星平台的稳态控制与应用已具有深厚的研究基础,但对其敏捷机动控制的研究还不够充分。而新一代的高分辨率对地观测、大比例尺敏捷立体测绘及高性能空间科学等空间任务,需要卫星平台具备敏捷机动过程中成像的能力。传统卫星平台因微振动和挠性附件的影响,机动过程中稳定度较低,机动中成像无法达到满意效果。因此,研究浮体式卫星敏捷机动平台对于扩展浮体式卫星平台应用效能,满足未来空间高稳定度敏捷动中成像任务需求具有十分迫切而重大的意义!

与稳态控制不同,浮体式卫星平台敏捷机动控制中的动力学耦合更为复杂,一方面非接触磁浮机构需要输出更大的力驱动载荷舱进行机动,这使得两舱动力学耦合更为剧烈;另一方面,由于非接触磁浮机构磁钢与线圈之间的间隙,机动过程中两舱不可避免会产生相对位移和姿态偏差,这导致磁浮机构输出精度下降,同时磁钢与线圈之间的相对运动产生的反电动势也会使两舱产生额外耦合。上述问题给平台敏捷机动过程中载荷舱的高精度控制和平台舱高动态随动控制带来的比稳态控制更为严苛的挑战。

本书围绕浮体式卫星平台敏捷机动中影响载荷舱控制精度和平台舱随动控制的相关问题,针对其中的动力学建模、敏捷机动控制、超敏捷动中成像等相关基础理论与技术研究开展论述,为扩展浮体式卫星平台的应用效能奠定理论和技术基础。

本书主要内容安排如下:

第 1 章为绪论,主要对高分敏捷卫星、浮体式卫星以及卫星姿态控制的发展进行了概述,同时阐述了浮体式卫星的内涵与超敏捷动中成像的概念,对本书的内容安排进行了说明。

第 2 章为浮体式卫星动力学建模,介绍了卫星的姿态运动学模型基础,详细论述了浮体式卫星的姿态运动学建模方法,最后开展了挠性及刚性卫星的姿态动力学建模。

第 3 章为浮体式卫星敏捷控制方法,阐述了浮体式卫星敏捷控制系统的配置要求,开展了姿态机动路径设计与性能分析,开展了载荷舱高精度控制方法、平台舱高动态控制方法及两舱协同解耦策略研究,同时对敏捷动中成像多应用模式进行了分析。

第 4 章介绍了浮体式卫星敏捷控制的关键单机,包括高精度高带宽非接触磁浮机构、大力矩快响应磁悬浮控制力矩陀螺、高精度高动态姿态测量系统以及非接触两舱相对测量系统等。

第 5 章为浮体式卫星敏捷控制半物理仿真系统,概述了卫星控制系统地面半物理仿真的发展现状,介绍了浮体式卫星敏捷控制半物理仿真系统的构建,以及其他辅助系统。

第 6 章为浮体式卫星敏捷控制半物理仿真验证,分别开展了浮体式卫星敏捷控制数值仿真、半物理仿真试验以及半物理集成试验验证。

参 考 文 献

[1] 赵艳彬.基于双超平台的超敏捷动中成像集成验证技术[J].中国科技成果,2021(5):18-20.

[2] 赵健,杨芳.敏捷卫星[M].北京:国防工业出版社,2021.

[3] 何磊,刘晓路,陈英武,等.敏捷卫星协同调度的启发式方法[M].北京:清华大学出版社,2022.

[4] 颜军,殷硕文,潘申林,等.高分辨率对地观测和商业遥感[M].北京:国防工业出版

社,2021.

[5]　曲直.超敏捷卫星姿态机动与稳定控制算法研究[D].北京:中国科学院大学,2021.

[6]　Zhang Y,Li M,Zhang J. Vibration control for rapid attitude stabilization of spacecraft [J]. IEEE Transactions on Aerospace and Electronic Systems,2017,53(3):1308-20.

[7]　Pedreiro N. Spacecraft architecture for disturbance-free payload [J]. Journal of Guidance, Control,and Dynamics,2003,26(5):794-804.

[8]　Pedreiro N,Carrier A,Lorell K,et al. Disturbance-free payload concept demonstration [C]. Proceedings of the AIAA Guidance, Navigation, and Control Conference and Exhibit, F,2002.

[9]　Gonzales M,Pedreiro N,Brookes K,et al. Unprecedented vibration isolation demonstration using the disturbance-free payload concept[C]. AIAA Guidance, Navigation, and Control Conference and Exhibit,2004:5247.

[10]　Trankle T,Pedreiro N,Andersen G. Disturbance free payload flight system analysis and simulation methods[C]. AIAA Guidance,Navigation,and Control Conference and Exhibit, 2004:5875.

[11]　Pedreiro N, Gonzales M, Foster B, et al. Agile disturbance free payload[C]. AIAA Guidance,Navigation,and Control Conference and Exhibit,2005:5876.

[12]　Dewell L,Pedreiro N,Blaurock C,et al. Precision telescope pointing and spacecraft vibration isolation for the terrestrial planet finder coronagraph[C]. UV/Optical/IR Space Telescopes:Innovative Technologies and Concepts II. SPIE,2005,5899:13-26.

[13]　Chen C-C,Hemmati H,Biswas A,et al. Simplified lasercom system architecture using a disturbance-free platform [C]. Proceedings of the Free-Space Laser Communication Technologies ⅩⅧ,F,2006.

[14]　Stahl H P,Hopkins R C,Schnell A,et al. Potential large missions enabled by NASA's space launch system[C].Proceedings of the Space Telescopes and Instrumentation 2016: Optical,Infrared,and Millimeter Wave,F,2016.

[15]　Dewell L D,Tajdaran K,Bell R M,et al. Dynamic stability with the disturbance-free payload architecture as applied to the Large UV/Optical/Infrared (LUVOIR) mission [C]. Proceedings of the UV/Optical/IR Space Telescopes and Instruments:Innovative Technologies and Concepts Ⅷ,F,2017.

[16]　Stahl H P,Hopkins R C,Schnell A,et al. Designing astrophysics missions for NASA's Space Launch System [J]. Journal of Astronomical Telescopes,Instruments,and Systems, 2016,2(4):041213.

[17]　张伟.浮体式航天器动力学与控制[M].北京:科学出版社,2022.

[18]　张伟,赵艳彬,廖鹤,等.动静隔离、主从协同控制双超卫星平台设计[J].上海航天,2014, 31(05):7-11,30.

[19]　关新,陈守磊,崔颖慧,等.超静敏捷卫星隔振与控制的动力学耦合及协同设计方法[J].

空间控制技术与应用,2015,41(1):21-25.

[20] 张科备,王大轶,王有懿.一种超静卫星动力学建模及控制方法[J].航天控制,2017,35
(5):37-44.

[21] 周嘉星,王志刚.非接触作动超静卫星动力学建模与仿真[J].飞行力学,2019,37(05):
72-75.

[22] Xu R,Tang G,Han L,et al. Robustfinite-time attitude tracking control of a CMG-Based
AUV with unknown disturbances and input saturation [J]. IEEE Access,2019,7:
56409-56422.

[23] Lee D. Spacecraft coupled tracking maneuver using sliding mode control with input
saturation [J]. Journal of Aerospace Engineering,2015,28(5):04014136.

[24] 孔宪仁,武晨,刘源,等.无扰载荷航天器相对运动动力学建模[J].宇航学报,2017,38
(11):1139-1146.

[25] Regehr M. Analysis of a near-free-floating vibration isolation platform [R]. Interplanetary
Network Progress Report,NASA,Jet Propulsion Laboratory,California Institute of
Technology,2015:42-200.

[26] Liao H,Xie J,Li S,et al. Stringent three-axis stability control for novel non-contact
satellite using embedded second-order noise estimator [J]. Advances in Space Research,
2022,69(3):1619-1630.

第 **2** 章

浮体式卫星动力学模型

本章首先介绍卫星姿态运动学模型基础,然后介绍浮体式卫星的姿态动力学模型建立方法,最后介绍挠性及刚性卫星的姿态动力学模型。

2.1 参考坐标系和坐标转换

2.1.1 参考坐标系

本章主要考虑如下五种坐标系。

(1)卫星布局坐标系 $O_1X_1Y_1Z_1$

O_1——星体底面(正常飞行时的对天面)几何中心;

O_1Z_1——由星体底面几何中心垂直指向地;

O_1X_1——由星体底面几何中心指向卫星飞行方向;

O_1Y_1——按右手法则。

其中,X 面为 Ⅰ 象限,$-Y$ 面为 Ⅱ 象限,X 面为 Ⅲ 象限,Y 面为 Ⅳ 象限,Z 为 Ⅴ 象限,$-Z$ 为 Ⅵ 象限。

(2)卫星本体坐标系 $O_bX_bY_bZ_b$

O_b——卫星质心;

O_bZ_b——垂直指向星体对地安装面;

O_bX_b——指向卫星飞行方向;

O_bY_b——按右手法则。

(3)轨道坐标系 $O_oX_oY_oZ_o$

O_o——卫星质心;

O_oZ_o——指向地心;

O_oX_o——卫星轨道平面内垂直于 O_oZ_o 指向卫星飞行方向;

O_oY_o——按右手法则。

$O_bX_bY_bZ_b$ 为直角坐标系,并与星体固连。$O_oX_oY_oZ_o$ 为直角坐标系,且与星体不固连。姿态角和姿态角速度则为卫星本体坐标系 $O_bX_bY_bZ_b$ 与轨道坐标系 $O_oX_oY_oZ_o$ 的相对值。

(4)惯性坐标系

O_i——地心;

O_iX_i——沿着地球的赤道平面与黄道平面的相交线,指向春分点;

O_iZ_i——指向地球北极方向;

O_iY_i——按右手法则。

（5）太阳帆板坐标系 $O_f X_f Y_f Z_f$

O_f——太阳帆板驱动机构安装点。

当两个帆板完全展开时，+Y 帆板的 X、Y、Z 三轴分别平行于卫星布局坐标系（此处认为有限元分析结果即基于此坐标系），−Y 帆板同 +Y 帆板反对阵安装，三轴均同 +Y 帆板相反。

说明：在本书中，为表达方便，分别利用 A_1 和 A_2 来表示 +Y 和 −Y 帆板。

坐标系示意图如图 2.1 及图 2.2 所示。

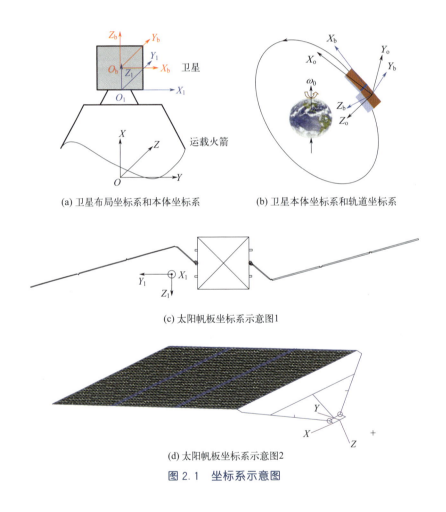

(a) 卫星布局坐标系和本体坐标系　　(b) 卫星本体坐标系和轨道坐标系

(c) 太阳帆板坐标系示意图1

(d) 太阳帆板坐标系示意图2

图 2.1　坐标系示意图

2.1.2　坐标系转换

本节分别以轨道坐标系到本体坐标系以及本体坐标系到太阳帆板坐标系为例介绍坐标间的相互转换。

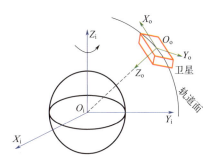

图 2.2　惯性坐标系与轨道坐标系

2.1.2.1　轨道坐标系 $O_o X_o Y_o Z_o$ 到本体坐标系 $O_b X_b Y_b Z_b$

（1）欧拉角描述的姿态转换

设矢量 $\boldsymbol{V}$ 在轨道坐标系三轴上的分量为 $\boldsymbol{V}_o = \begin{bmatrix} x_o & y_o & z_o \end{bmatrix}^T$，在本体坐标系三轴上的分量为 $\boldsymbol{V}_b = \begin{bmatrix} x_b & y_b & z_b \end{bmatrix}^T$，则二者存在如下关系式：

$$\boldsymbol{V}_b = \boldsymbol{T}_{bo}^e \boldsymbol{V}_o \tag{2.1}$$

设 $\boldsymbol{A}_X(\phi)$、$\boldsymbol{A}_Y(\theta)$、$\boldsymbol{A}_Z(\psi)$ 分别为绕轨道坐标系三轴的旋转矩阵，则当采用 3-1-2 旋转顺序并且偏航角、滚动角、俯仰角依次为 ψ、φ、θ 时，由轨道坐标系到本体坐标系的旋转矩阵为

$$\boldsymbol{T}_{bo}^e = \boldsymbol{A}_Y(\theta) \boldsymbol{A}_X(\varphi) \boldsymbol{A}_Z(\psi)$$

其中

$$\boldsymbol{A}_Z(\psi) = \begin{bmatrix} \cos\psi & \sin\psi & 0 \\ -\sin\psi & \cos\psi & 0 \\ 0 & 0 & 1 \end{bmatrix}, \boldsymbol{A}_X(\varphi) = \begin{bmatrix} 1 & 0 & 0 \\ 0 & \cos\varphi & \sin\varphi \\ 0 & -\sin\varphi & \cos\varphi \end{bmatrix}, \boldsymbol{A}_Y(\theta) = \begin{bmatrix} \cos\theta & 0 & -\sin\theta \\ 0 & 1 & 0 \\ \sin\theta & 0 & \cos\theta \end{bmatrix}$$

则可得出

$$\boldsymbol{T}_{bo}^e = \begin{bmatrix} \cos\psi\cos\theta - \sin\psi\sin\theta\sin\varphi & \cos\theta\sin\psi + \cos\psi\sin\theta\sin\varphi & -\sin\theta\cos\varphi \\ -\cos\varphi\sin\psi & \cos\varphi\cos\psi & \sin\varphi \\ \sin\theta\cos\psi + \sin\psi\cos\theta\sin\varphi & \sin\psi\sin\theta - \cos\psi\cos\theta\sin\varphi & \cos\varphi\cos\theta \end{bmatrix} \tag{2.2}$$

当姿态角为小角度时，$\boldsymbol{T}_{bo}^e$ 可近似为

$$\boldsymbol{T}_{bo}^e = \begin{bmatrix} 1 & \psi & -\theta \\ -\psi & 1 & \varphi \\ \theta & -\varphi & 1 \end{bmatrix} \tag{2.3}$$

（2）四元数描述的姿态转换

① 四元数预备知识

欧拉参数定义如下：

$$
\begin{cases}
q_0 = \cos \dfrac{\Phi}{2} \\[2mm]
q_1 = e_x \sin \dfrac{\Phi}{2} \\[2mm]
q_2 = e_y \sin \dfrac{\Phi}{2} \\[2mm]
q_3 = e_z \sin \dfrac{\Phi}{2}
\end{cases}
\tag{2.4}
$$

其中，$\overline{e} = [\begin{matrix} e_x & e_y & e_z \end{matrix}]^T$ 为欧拉旋转轴，且满足 $e_x^2 + e_y^2 + e_z^2 = 1$；$\Phi$ 为绕欧拉旋转轴旋转的角度。显然，四参数满足如下关系式：

$$
q_0^2 + q_1^2 + q_2^2 + q_3^2 = 1
\tag{2.5}
$$

由四参数构成的四元数 $\boldsymbol{q}$ 定义如下：

$$
\boldsymbol{q} \equiv q_0 + \mathbf{i}q_1 + \mathbf{j}q_2 + \mathbf{k}q_3 = \begin{bmatrix} q_0 \\ q_1 \\ q_2 \\ q_3 \end{bmatrix} = \begin{bmatrix} q_0 \\ \boldsymbol{q}_v \end{bmatrix}
\tag{2.6}
$$

其中，q_0、$\boldsymbol{q}_v$ 分别为四元数 $\boldsymbol{q}$ 的标量和向量部分；i、j、k 是虚数单位并且有如下关系：

$$
\begin{cases}
\mathbf{i}^2 = \mathbf{j}^2 = \mathbf{k}^2 = -1 \\
\mathbf{ij} = -\mathbf{ji} = \mathbf{k} \\
\mathbf{jk} = -\mathbf{kj} = \mathbf{i} \\
\mathbf{ki} = -\mathbf{ik} = \mathbf{j}
\end{cases}
$$

四元数 $\boldsymbol{q}$ 的范数定义如下：

$$
\| \boldsymbol{q} \| \equiv \sqrt{\boldsymbol{q}\boldsymbol{q}^*} = \sqrt{\boldsymbol{q}^*\boldsymbol{q}} = \sqrt{q_0^2 + q_1^2 + q_2^2 + q_3^2}
\tag{2.7}
$$

显然，由式(2.5)得 $\| \boldsymbol{q} \| = 1$。

四元数 $\boldsymbol{q}$ 的共轭或者逆定义成 $\boldsymbol{q}^*$：

$$
\boldsymbol{q}^* \equiv q_0 - \mathbf{i}q_1 - \mathbf{j}q_2 - \mathbf{k}q_3 \equiv \begin{bmatrix} q_0 \\ -q_1 \\ -q_2 \\ -q_3 \end{bmatrix} \equiv \begin{bmatrix} q_0 \\ -\boldsymbol{q}_v \end{bmatrix}
\tag{2.8}
$$

四元数乘法：设有两个四元数 $\boldsymbol{p} = [\begin{matrix} p_0 & p_1 & p_2 & p_3 \end{matrix}]^T$，$\boldsymbol{q} = [\begin{matrix} q_0 & q_1 & q_2 & q_3 \end{matrix}]^T$，则有

$$\boldsymbol{p}\otimes\boldsymbol{q}=\begin{bmatrix} p_0 & -p_1 & -p_2 & -p_3 \\ p_1 & p_0 & -p_3 & p_2 \\ p_2 & p_3 & p_0 & -p_1 \\ p_3 & -p_2 & p_1 & p_0 \end{bmatrix}\begin{bmatrix} q_0 \\ q_1 \\ q_2 \\ q_3 \end{bmatrix}=\begin{bmatrix} q_0 & -q_1 & -q_2 & -q_3 \\ q_1 & q_0 & q_3 & -p_2 \\ q_2 & -q_3 & q_0 & q_1 \\ q_3 & q_2 & -q_1 & q_0 \end{bmatrix}\begin{bmatrix} p_0 \\ p_1 \\ p_2 \\ p_3 \end{bmatrix}$$

$$(2.9)$$

其中,"$\otimes$"表示四元数乘法。

注意:四元数的乘法是不可交换的,即一般说 $\boldsymbol{p}\otimes\boldsymbol{q}\neq\boldsymbol{q}\otimes\boldsymbol{p}$。

② 四元数描述的姿态矩阵

采用四元数描述的姿态矩阵可以通过下面介绍的两种方法推导。

方法一:

由欧拉定理可以证明姿态矩阵 $\boldsymbol{T}_{\mathrm{bo}}^{\mathrm{e}}$ 和欧拉轴/角姿态参数有如下关系式:

$$\boldsymbol{T}_{\mathrm{bo}}^{\mathrm{e}}=\cos\Phi\cdot\boldsymbol{I}_3+(1-\cos\Phi)\cdot\bar{\boldsymbol{e}}\cdot\bar{\boldsymbol{e}}^{\mathrm{T}}-\sin\Phi\cdot\boldsymbol{S}(\bar{\boldsymbol{e}}) \qquad (2.10)$$

其中,$\boldsymbol{I}_3$ 为 3×3 维的单位矩阵;$\bar{\boldsymbol{e}}\cdot\bar{\boldsymbol{e}}^{\mathrm{T}}$ 为向量外积;$\boldsymbol{S}(\bar{\boldsymbol{e}})$ 为如下斜对称矩阵:

$$\boldsymbol{S}(\bar{\boldsymbol{e}})=\begin{bmatrix} 0 & -e_z & e_y \\ e_z & 0 & -e_x \\ -e_y & e_x & 0 \end{bmatrix} \qquad (2.11)$$

由四元数定义式(2.6)容易导出四元数表示的姿态矩阵表达式为

$$\boldsymbol{T}_{\mathrm{bo}}^{\mathrm{e}}=(q_0^2-\boldsymbol{q}_{\mathrm{v}}^{\mathrm{T}}\boldsymbol{q}_{\mathrm{v}})\cdot\boldsymbol{I}_3+2\boldsymbol{q}_{\mathrm{v}}\boldsymbol{q}_{\mathrm{v}}^{\mathrm{T}}-2q_0\boldsymbol{S}(\boldsymbol{q}_{\mathrm{v}}) \qquad (2.12)$$

其中,$\boldsymbol{S}(\boldsymbol{q}_{\mathrm{v}})$ 定义同 $\boldsymbol{S}(\bar{\boldsymbol{e}})$。

把式(2.12)右端项合并得到由四元数描述的姿态变换矩阵为

$$\boldsymbol{T}_{\mathrm{bo}}^{\mathrm{e}}=\begin{bmatrix} q_0^2+q_1^2-q_2^2-q_3^2 & 2(q_1q_2+q_0q_3) & 2(q_1q_3-q_0q_2) \\ 2(q_1q_2-q_0q_3) & q_0^2+q_2^2-q_1^2-q_3^2 & 2(q_2q_3+q_0q_1) \\ 2(q_1q_3+q_0q_2) & 2(q_2q_3-q_0q_1) & q_0^2+q_3^2-q_1^2-q_2^2 \end{bmatrix} \qquad (2.13)$$

方法二:

设矢量 $\boldsymbol{V}$ 在惯性参考坐标系三轴上的分量为 $\boldsymbol{V}_{\mathrm{r}}=\begin{bmatrix} x_{\mathrm{r}} & y_{\mathrm{r}} & z_{\mathrm{r}} \end{bmatrix}^{\mathrm{T}}$,在本体坐标系三轴上的分量为 $\boldsymbol{V}_{\mathrm{b}}=\begin{bmatrix} x_{\mathrm{b}} & y_{\mathrm{b}} & z_{\mathrm{b}} \end{bmatrix}^{\mathrm{T}}$,则二者存在如下关系式:

$$\boldsymbol{V}_{\mathrm{b}}=\boldsymbol{q}_{\mathrm{rb}}^{*}\boldsymbol{V}_{\mathrm{r}}\boldsymbol{q}_{\mathrm{rb}}$$

其中,$\boldsymbol{q}_{\mathrm{rb}}=\begin{bmatrix} q_{0\mathrm{rb}} & q_{1\mathrm{rb}} & q_{2\mathrm{rb}} & q_{3\mathrm{rb}} \end{bmatrix}^{\mathrm{T}}$,$\boldsymbol{q}_{\mathrm{rb}}^{*}=\begin{bmatrix} q_{0\mathrm{rb}} & -q_{1\mathrm{rb}} & -q_{2\mathrm{rb}} & -q_{3\mathrm{rb}} \end{bmatrix}^{\mathrm{T}}$,代入上式有

$$\begin{bmatrix} x_{\mathrm{b}} \\ y_{\mathrm{b}} \\ z_{\mathrm{b}} \end{bmatrix}=\begin{bmatrix} q_0^2+q_1^2-q_2^2-q_3^2 & 2(q_1q_2+q_0q_3) & 2(q_1q_3-q_0q_2) \\ 2(q_1q_2-q_0q_3) & q_0^2+q_2^2-q_1^2-q_3^2 & 2(q_2q_3+q_0q_1) \\ 2(q_1q_3+q_0q_2) & 2(q_2q_3-q_0q_1) & q_0^2+q_3^2-q_1^2-q_2^2 \end{bmatrix}\begin{bmatrix} x_{\mathrm{r}} \\ y_{\mathrm{r}} \\ z_{\mathrm{r}} \end{bmatrix}=\boldsymbol{T}_{\mathrm{bo}}^{\mathrm{e}}\boldsymbol{V}_{\mathrm{r}}$$

$$(2.14)$$

式中，$\boldsymbol{T}_{bo}^{e}$ 即为四元数表示的从轨道坐标系到本体坐标系的姿态旋转矩阵（方向余弦矩阵）。

注意：这里为了书写方便，我们略写四元数的下标 ob。

2.1.2.2 本体坐标系 $O_b X_b Y_b Z_b$ 到太阳帆板坐标系 $O_f X_f Y_f Z_f$

当 +Y 帆板处于 0 位时，本体系和太阳帆板系重合，当太阳帆板转角为 α_i 时，卫星本体系到 +Y 帆板系的旋转矩阵为

$$\boldsymbol{T}_{1as} = \begin{bmatrix} \cos\alpha_i & 0 & -\sin\alpha_i \\ 0 & 1 & 0 \\ \sin\alpha_i & 0 & \cos\alpha_i \end{bmatrix} \tag{2.15}$$

由于两块帆板反对称安装，卫星本体到 -Y 帆板系的旋转矩阵为

$$\boldsymbol{T}_{2as} = \begin{bmatrix} \cos\alpha_i & 0 & -\sin\alpha_i \\ 0 & 1 & 0 \\ \sin\alpha_i & 0 & \cos\alpha_i \end{bmatrix} \begin{bmatrix} -1 & 0 & 0 \\ 0 & -1 & 0 \\ 0 & 0 & -1 \end{bmatrix}$$

$$= \begin{bmatrix} -\cos\alpha_i & 0 & \sin\alpha_i \\ 0 & -1 & 0 \\ -\sin\alpha_i & 0 & -\cos\alpha_i \end{bmatrix} \tag{2.16}$$

2.2 姿态运动学模型

在本章中，卫星的姿态描述都是针对卫星本体系相对惯性系的。针对不同的任务需要，采用了不同转序的欧拉角法描述卫星的姿态。

当滚动轴机动时，采用 1-2-3 转序，卫星姿态运动学模型为

$$\boldsymbol{\omega} = \begin{bmatrix} \omega_x \\ \omega_y \\ \omega_z \end{bmatrix} = \boldsymbol{A}_Z(\psi)\boldsymbol{A}_Y(\theta)\boldsymbol{A}_X(\varphi) \begin{bmatrix} \dot{\varphi} \\ 0 \\ 0 \end{bmatrix} + \boldsymbol{A}_Z(\psi)\boldsymbol{A}_Y(\theta) \begin{bmatrix} 0 \\ \dot{\theta} \\ 0 \end{bmatrix} + \boldsymbol{A}_Z(\psi) \begin{bmatrix} 0 \\ 0 \\ \dot{\psi} \end{bmatrix}$$

$$= \begin{bmatrix} \cos\psi\cos\theta & \sin\psi & 0 \\ -\sin\psi\cos\theta & \cos\psi & 0 \\ \sin\theta & 0 & 1 \end{bmatrix} \begin{bmatrix} \dot{\varphi} \\ \dot{\theta} \\ \dot{\psi} \end{bmatrix}$$

$$\tag{2.17}$$

当俯仰角与偏航角均为小角度，由小角度近似原理可以得出

$$\boldsymbol{\omega} \approx \begin{bmatrix} \dot{\varphi} \\ \dot{\theta} \\ \dot{\psi} \end{bmatrix} \tag{2.18}$$

当俯仰轴机动时,采用 2-3-1 转序,卫星姿态运动学模型为

$$\boldsymbol{\omega} = \begin{bmatrix} \omega_x \\ \omega_y \\ \omega_z \end{bmatrix} = \boldsymbol{A}_X(\varphi)\boldsymbol{A}_Z(\psi)\boldsymbol{A}_Y(\theta) \begin{bmatrix} 0 \\ \dot{\theta} \\ 0 \end{bmatrix} + \boldsymbol{A}_X(\varphi)\boldsymbol{A}_Z(\psi) \begin{bmatrix} 0 \\ 0 \\ \dot{\psi} \end{bmatrix} + \boldsymbol{A}_X(\varphi) \begin{bmatrix} \dot{\varphi} \\ 0 \\ 0 \end{bmatrix}$$

$$\tag{2.19}$$

$$= \begin{bmatrix} 1 & \sin\psi & 0 \\ 0 & \cos\psi\cos\varphi & \sin\varphi \\ 0 & -\cos\psi\sin\varphi & \cos\varphi \end{bmatrix} \begin{bmatrix} \dot{\varphi} \\ \dot{\theta} \\ \dot{\psi} \end{bmatrix}$$

当滚动角与偏航角均为小角度,由小角度近似原理可以得出

$$\boldsymbol{\omega} \approx \begin{bmatrix} \dot{\varphi} \\ \dot{\theta} \\ \dot{\psi} \end{bmatrix} \tag{2.20}$$

当偏航轴机动时,采用 3-1-2 转序,卫星姿态运动学模型为

$$\boldsymbol{\omega} = \begin{bmatrix} \omega_x \\ \omega_y \\ \omega_z \end{bmatrix} = \boldsymbol{A}_Y(\theta)\boldsymbol{A}_X(\varphi)\boldsymbol{A}_Z(\psi) \begin{bmatrix} 0 \\ 0 \\ \dot{\psi} \end{bmatrix} + \boldsymbol{A}_Y(\theta)\boldsymbol{A}_X(\varphi) \begin{bmatrix} \dot{\varphi} \\ 0 \\ 0 \end{bmatrix} + \boldsymbol{A}_Y(\theta) \begin{bmatrix} 0 \\ \dot{\theta} \\ 0 \end{bmatrix}$$

$$\tag{2.21}$$

$$= \begin{bmatrix} \cos\theta & 0 & -\sin\theta\cos\varphi \\ 0 & 1 & \sin\varphi \\ \sin\theta & 0 & \cos\varphi\cos\theta \end{bmatrix} \begin{bmatrix} \dot{\varphi} \\ \dot{\theta} \\ \dot{\psi} \end{bmatrix}$$

当滚动角与俯仰角均为小角度,由小角度近似原理可以得出

$$\boldsymbol{\omega} \approx \begin{bmatrix} \dot{\varphi} \\ \dot{\theta} \\ \dot{\psi} \end{bmatrix} \tag{2.22}$$

当 $\boldsymbol{\omega} \approx \begin{bmatrix} \dot{\varphi} & \dot{\theta} & \dot{\psi} \end{bmatrix}^{\mathrm{T}}$ 时,由陀螺测量得到的角速度可直接用于反馈控制,方便控制器设计。

本书中针对没有姿态机动任务要求的工作模式,均采用 1-2-3 转序描述卫星姿态。

2.3 姿态动力学模型

2.3.1 变量定义

r_b:星体质心 O_b 指向本体 B 中质量微元 m_{nb} 的矢量;

r_{ik}:帆板 A_i 第 k 个节点未形变时相对帆板坐标系原点 O_{fi} 指向矢量;

r_{ip}:星体质心 O_b 指向帆板 A_i 原点 O_{fi} 位置矢量;

u_{ik}:帆板 A_i 第 k 个节点形变量;

$\boldsymbol{\Phi}_{ik}=\begin{bmatrix} \phi_{i1} & \phi_{i2} & \cdots & \phi_{iN} \end{bmatrix}$:帆板 A_i 的第 k 个节点的振型,$3\times N$ 维矩阵,N 为振型阶数;

$\boldsymbol{\eta}_i=\begin{bmatrix} \eta_{i1} & \eta_{i2} & \cdots & \eta_{iN} \end{bmatrix}$:帆板 A_i 的模态坐标;

$\boldsymbol{\Omega}_i$:帆板 A_i 模态振型频率,$\Omega_i^2=\mathrm{diag}(\omega_{i1}^2,\omega_{i2}^2,\cdots,\omega_{iN}^2)$;

ξ_i:帆板 A_i 挠性模态的阻尼系数;

$\boldsymbol{\omega}_s$:卫星惯性角速度,$\boldsymbol{\omega}_s=\begin{bmatrix} \omega_x & \omega_y & \omega_z \end{bmatrix}^T$;

$\boldsymbol{\omega}_{iA}$:帆板 A_i 转动角速度,$\boldsymbol{\omega}_{iA}=\begin{bmatrix} 0 & \dot{\alpha}_i & 0 \end{bmatrix}$,$\alpha_i$ 为帆板转角;

f_B:主体 B 在 O_b 处受的外力;

g_B:主体 B 在 O_b 处受的外力矩;

f_{Ai}:帆板 A_i 在 O_{fi} 处受的外力;

g_{Ai}:帆板 A_i 在 O_{fi} 处受的外力矩;

f_{ofi}:B 与 A_i 在链接点 O_{fi} 处存在的内力;

g_{ofi}:B 与 A_i 在链接点 O_{fi} 处存在的内力矩。

2.3.2 速度、动量、角动量及动能的矢量描述

根据 2.3.1 节中的变量定义,在有限元分析结果的基础上,利用经典力学中的牛顿定律、角动量定律和变分原理来建立带两个挠性太阳帆板附件的三轴稳定卫星动力学模型。首先给出卫星本体加帆板的坐标系示意图如图 2.3 所示。

2.3.2.1 卫星本体 B 的各状态矢量

不考虑卫星的平动,本体坐标系 F_b 中质量微元 m_{nb} 的速度 v_B 为

$$v_B=\dot{r}_b=\boldsymbol{\omega}_s\times r_b+\mathring{r}_b \tag{2.23}$$

其中,"·"表示矢量在惯性坐标系中的绝对时间导数;"。"表示矢量在 F_b 系中的相对时间导数。

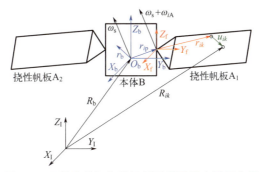

图 2.3　卫星本体加挠性帆板坐标系及变量示意图

由于 $\boldsymbol{r}_b$ 在本体 B 内, 故 $\overset{\circ}{\boldsymbol{r}}_b = 0$, 即

$$\boldsymbol{v}_B = \boldsymbol{\omega}_s \times \boldsymbol{r}_b \tag{2.24}$$

结合式 (2.24) 有, 本体 B 关于 O_b 点的角动量 $\boldsymbol{h}_{bB}$ 为

$$
\begin{aligned}
\boldsymbol{h}_{bB} &= \sum_n m_{nb} \boldsymbol{r}_b \times \boldsymbol{v}_B \\
&= \sum_n m_{nb} \boldsymbol{r}_b \times (\boldsymbol{\omega}_s \times \boldsymbol{r}_b) \\
&= \sum_n m_{nb} (\boldsymbol{r}_b \cdot \boldsymbol{r}_b \mathbf{E} - \boldsymbol{r}_b \boldsymbol{r}_b) \cdot \boldsymbol{\omega}_s \\
&= \mathbb{I}_B \cdot \boldsymbol{\omega}_s
\end{aligned}
\tag{2.25}
$$

其中, $\mathbf{E}$ 为单位张量; $\mathbb{I}_B$ 是本体 B 关于 O_b 点的惯性并矢:

$$\mathbb{I}_B = \sum_n m_{nb} (\boldsymbol{r}_b \cdot \boldsymbol{r}_b \mathbf{E} - \boldsymbol{r}_b \boldsymbol{r}_b) \tag{2.26}$$

2.3.2.2　挠性帆板 $\mathbf{A}_i$ 的各状态矢量

帆板 $A_i(i=1,2)$ 中第 k 个节点的质量微元 m_{ik} 的速度 $\boldsymbol{v}_{Ai}$ 为

$$\boldsymbol{v}_{Ai} = \boldsymbol{\omega}_s \times \boldsymbol{r}_{ip} + \overset{\circ}{\boldsymbol{r}}_{ip} + (\boldsymbol{\omega}_s + \boldsymbol{\omega}_{iA}) \times (\boldsymbol{r}_{ik} + \boldsymbol{u}_{ik}) + (\overset{\Delta i}{\boldsymbol{r}}_{ik} + \overset{\Delta i}{\boldsymbol{u}}_{ik}) \tag{2.27}$$

其中, "$_{\Delta i}$" 表示矢量在 $F_f(O_f X_f Y_f Z_f)$ 系中的相对时间导数。

由于 $\boldsymbol{r}_{ip}$ 和 $\boldsymbol{r}_{ik}$ 均为固定值, 故 $\overset{\circ}{\boldsymbol{r}}_{ip} = 0$, $\overset{\Delta i}{\boldsymbol{r}}_{ik} = 0$, 得出

$$\boldsymbol{v}_{Ai} = \boldsymbol{\omega}_s \times (\boldsymbol{r}_{ip} + \boldsymbol{r}_{ik} + \boldsymbol{u}_{ik}) + \boldsymbol{\omega}_{iA} \times (\boldsymbol{r}_{ik} + \boldsymbol{u}_{ik}) + \overset{\Delta i}{\boldsymbol{u}}_{ik} \tag{2.28}$$

结合式 (2.28), 帆板 A_i 动量 $\boldsymbol{P}_{Ai}$ 为

$$\boldsymbol{P}_{Ai} = \sum_k m_{ik} \boldsymbol{v}_{Ai}$$

$$= \boldsymbol{\omega}_s \times (m_{Ai} \boldsymbol{r}_{ip} + \boldsymbol{c}_{ia}) - \boldsymbol{c}_{ia} \times \boldsymbol{\omega}_{iA} + m_{Ai} \overset{\Delta i}{\boldsymbol{u}}_{ik} + \boldsymbol{\omega}_s \times m_{Ai} \boldsymbol{u}_{ik} + \boldsymbol{\omega}_{iA} \times m_{Ai} \boldsymbol{u}_{ik} \tag{2.29}$$

其中, $\boldsymbol{\omega}_s$, $\boldsymbol{\omega}_{iA}$, $\boldsymbol{u}_{ik}$ 均为小量。略去二阶小量, 式 (2.29) 可化为

$$P_{Ai} = \boldsymbol{\omega}_s \times (m_{Ai} \boldsymbol{r}_{ip} + \boldsymbol{c}_{ia}) - \boldsymbol{c}_{ia} \times \boldsymbol{\omega}_{iA} + m_{Ai} \overset{\Delta i}{\boldsymbol{u}}_{ik} \tag{2.30}$$

其中，m_{Ai} 和 $\boldsymbol{c}_{ia}$ 分别表示帆板 A_i 的总质量和关于 O_{fi} 点的一阶距，有

$$m_{Ai} = \sum_k m_{ik} \tag{2.31}$$

$$\boldsymbol{c}_{ia} = \sum_k m_{ik} \boldsymbol{r}_{ik} \tag{2.32}$$

帆板 A_i 关于 O_{fi} 点的角动量 $\boldsymbol{h}_{Ai}$ 结合式(2.28)有

$$\begin{aligned}
\boldsymbol{h}_{Ai} &= \sum_k m_{ik}(\boldsymbol{r}_{ik} + \boldsymbol{u}_{ik}) \times \boldsymbol{v}_{Ai} \\
&= \sum_k m_{ik}(\boldsymbol{r}_{ik} + \boldsymbol{u}_{ik}) \times [\boldsymbol{\omega}_s \times (\boldsymbol{r}_{ip} + \boldsymbol{r}_{ik} + \boldsymbol{u}_{ik}) + \boldsymbol{\omega}_{iA} \times (\boldsymbol{r}_{ik} + \boldsymbol{u}_{ik}) + \overset{\Delta i}{\boldsymbol{u}}_{ik}]
\end{aligned} \tag{2.33}$$

略去二阶小量，式(2.33)可整理为

$$\boldsymbol{h}_{Ai} = R_{ias} \cdot \boldsymbol{\omega}_s + I_{ia} \cdot \boldsymbol{\omega}_{iA} + \sum_k m_{ik}(\boldsymbol{r}_{ik} \times \overset{\Delta i}{\boldsymbol{u}}_{ik}) \tag{2.34}$$

其中，I_{ia} 为帆板 A_i 相对 O_{fi} 惯性并矢

$$I_{ia} = \sum_k m_{ik}(\boldsymbol{r}_{ik} \cdot \boldsymbol{r}_{ik} \mathbf{E} - \boldsymbol{r}_{ik} \boldsymbol{r}_{ik}) \tag{2.35}$$

R_{isa} 为整星转动与帆板转动耦合惯性并矢

$$R_{isa} = \sum_k m_{ik}[\boldsymbol{r}_{ik} \cdot (\boldsymbol{r}_{ip} + \boldsymbol{r}_{ik}) \mathbf{E} - (\boldsymbol{r}_{ip} + \boldsymbol{r}_{ik}) \boldsymbol{r}_{ik}] = I_{ia} + \boldsymbol{r}_{ip} \cdot \boldsymbol{c}_{ia} \mathbf{E} - \boldsymbol{r}_{ip} \boldsymbol{c}_{ia} \tag{2.36}$$

结合式(2.34)，帆板 A_i 关于 O_b 点的角动量 $\boldsymbol{h}_{bAi}$ 为

$$\boldsymbol{h}_{bAi} = \sum_k m_{ik}(\boldsymbol{r}_{ip} + \boldsymbol{r}_{ik} + \boldsymbol{u}_{ik}) \times \boldsymbol{v}_{Ai} = \boldsymbol{h}_{Ai} + \boldsymbol{r}_{ip} \times P_{Ai} \tag{2.37}$$

2.3.2.3　卫星本体 B 加各挠性帆板 A_i 的整星系统角动量方程

$$\begin{aligned}
\boldsymbol{h}_b &= \boldsymbol{h}_{bB} + \sum_i \boldsymbol{h}_{bAi} \\
&= \boldsymbol{h}_{bB} + \sum_i (\boldsymbol{h}_{Ai} + \boldsymbol{r}_{ip} \times P_{Ai}) \\
&= I_B \cdot \boldsymbol{\omega}_s + \sum_i \{R_{isa} \cdot \boldsymbol{\omega}_s + I_{ia} \cdot \boldsymbol{\omega}_{iA} + \sum_k m_{ik}(\boldsymbol{r}_{ik} \times \overset{\Delta i}{\boldsymbol{u}}_{ik}) \\
&\quad + \boldsymbol{r}_{ip} \times [\boldsymbol{\omega}_s \times (m_{Ai} \boldsymbol{r}_{ip} + \boldsymbol{c}_{ia}) - \boldsymbol{c}_{ia} \times \boldsymbol{\omega}_{iA} + m_{Ai} \overset{\Delta i}{\boldsymbol{u}}_{ik}] \} \\
&= I_s \cdot \boldsymbol{\omega}_s + \sum_i R_{ias} \cdot \boldsymbol{\omega}_{iA} + \sum_i \sum_k m_{ik}(\boldsymbol{r}_{ik} \times \overset{\Delta i}{\boldsymbol{u}}_{ik}) + \sum_i \sum_k m_{ik}(\boldsymbol{r}_{ip} \times \overset{\Delta i}{\boldsymbol{u}}_{ik})
\end{aligned} \tag{2.38}$$

其中，I_s 为整星系统的惯性并矢

$$\begin{aligned}
I_s &= I_B + \sum_i I_{ia} + \sum_i m_{Ai}(\boldsymbol{r}_{ip} \cdot \boldsymbol{r}_{ip} \mathbf{E} - \boldsymbol{r}_{ip} \boldsymbol{r}_{ip}) + \sum_i (2\boldsymbol{r}_{ip} \cdot \boldsymbol{c}_{ia} \mathbf{E} - \boldsymbol{r}_{ip} \boldsymbol{c}_{ia} - \boldsymbol{c}_{ia} \boldsymbol{r}_{ip}) \\
&= I_B + \sum_i I_{iao}
\end{aligned} \tag{2.39}$$

I_{iao} 为帆板相对 O_b 的惯性并矢

$$I_{iao} = \sum_k m_{ik}[(\boldsymbol{r}_{ip} + \boldsymbol{r}_{ik}) \cdot (\boldsymbol{r}_{ip} + \boldsymbol{r}_{ik}) \mathbf{E} - (\boldsymbol{r}_{ip} + \boldsymbol{r}_{ik})(\boldsymbol{r}_{ip} + \boldsymbol{r}_{ik})] \tag{2.40}$$

R_{ias} 是帆板转动与整星转动耦合惯性并矢

$$R_{ias} = \sum_k m_{ik} [\boldsymbol{r}_{ip} \cdot (\boldsymbol{r}_{ik} + \boldsymbol{r}_{ip}) \boldsymbol{E} - (\boldsymbol{r}_{ik} + \boldsymbol{r}_{ip}) \boldsymbol{r}_{ip}] = I_{ia} + \boldsymbol{r}_{ip} \cdot \boldsymbol{c}_{ia} \boldsymbol{E} - \boldsymbol{c}_{ia} \boldsymbol{r}_{ip} = R_{ias}^{T}$$

(2.41)

2.3.2.4 挠性帆板 A_i 的动能 T_i

为了推导挠性帆板的运动方程,给出挠性帆板 A_i 的动能 $\boldsymbol{T}_i$

$$\boldsymbol{T}_i = \frac{1}{2} \sum_k m_{ik} \boldsymbol{v}_{Ai} \cdot \boldsymbol{v}_{Ai}$$

(2.42)

略去式(2.28)中二阶小量,式(2.42)可整理为

$$
\begin{aligned}
T_i &= \frac{1}{2} \sum_k m_{ik} (\boldsymbol{\omega}_s \times \boldsymbol{r}_{ip} + \boldsymbol{\omega}_s \times \boldsymbol{r}_{ik} + \boldsymbol{\omega}_{iA} \times \boldsymbol{r}_{ik} + \overset{\Delta i}{\boldsymbol{u}}_{ik}) \cdot (\boldsymbol{\omega}_s \times \boldsymbol{r}_{ip} + \boldsymbol{\omega}_s \times \boldsymbol{r}_{ik} + \boldsymbol{\omega}_{iA} \times \boldsymbol{r}_{ik} + \overset{\Delta i}{\boldsymbol{u}}_{ik}) \\
&= \frac{1}{2} \sum_k m_{ik} [\overset{\Delta i}{\boldsymbol{u}}_{ik} \cdot \overset{\Delta i}{\boldsymbol{u}}_{ik} - 2 \overset{\Delta i}{\boldsymbol{u}}_{ik} \cdot (\boldsymbol{r}_{ip} \times \boldsymbol{\omega}_s) - 2 \overset{\Delta i}{\boldsymbol{u}}_{ik} \cdot (\boldsymbol{r}_{ik} \times \boldsymbol{\omega}_s) \\
&\quad - 2 \overset{\Delta i}{\boldsymbol{u}}_{ik} \cdot (\boldsymbol{r}_{ik} \times \boldsymbol{\omega}_{iA}) + \Psi(\boldsymbol{\omega}_s, \boldsymbol{\omega}_{iA})]
\end{aligned}
$$

(2.43)

式中,$\Psi(\boldsymbol{\omega}_s, \boldsymbol{\omega}_{iA})$ 表示只含 $\boldsymbol{\omega}_s$ 和 $\boldsymbol{\omega}_{iA}$ 的项,用于结合有限元分析的结果来推导帆板的挠性运动方程。

2.3.3 动力学模型的矢量描述

由考虑卫星本体 B 和挠性帆板 A_i 的相互作用出发,来建立动力学方程式。考虑卫星本体和挠性附件分别受图 2.4 所示的力和力矩。

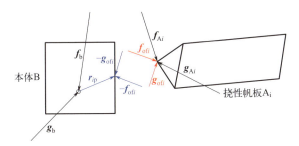

图 2.4　卫星本体和挠性帆板受力图

不考虑卫星平动,即卫星轨道系原点 O_o 始终与期望轨道无偏差。仅考虑姿态运动时,可对 $F_o(O_o X_o Y_o Z_o)$ 系的原点 O_o 使用角动量定理,求出整星系统和帆板的姿态方程。

2.3.3.1 卫星本体 B 和各挠性帆板 A_i 的角动量方程

卫星本体 B 关于 O_o 角动量 $\boldsymbol{h}_{oB}$,由于不考虑卫星平动,结合式(2.25)有

$$\boldsymbol{h}_{oB} = \boldsymbol{h}_{bB} = \sum_n m_{nb} \boldsymbol{r}_b \times \boldsymbol{v}_B$$

(2.44)

根据角动量定理,有本体 B 相对 O_o 旋转运动方程

$$\dot{\boldsymbol{h}}_{oB} = \dot{\boldsymbol{h}}_{bB} = \boldsymbol{g}_B - \sum_i (\boldsymbol{g}_{ofi} + \boldsymbol{r}_{ip} \times \boldsymbol{f}_{ofi}) \tag{2.45}$$

其在 F_b 系中的相对时间导数方程为

$$\mathring{\boldsymbol{h}}_{bB} + \boldsymbol{\omega}_s \times \boldsymbol{h}_{bB} = \boldsymbol{g}_B - \sum_i (\boldsymbol{g}_{ofi} + \boldsymbol{r}_{ip} \times \boldsymbol{f}_{ofi}) \tag{2.46}$$

挠性帆板 A_i 关于 O_o 的角动量 $\boldsymbol{h}_{oAi}$,由于不考虑卫星平动,结合式(2.37)有

$$\begin{aligned}
\boldsymbol{h}_{oAi} = \boldsymbol{h}_{bAi} &= \sum_k m_{ik} (\boldsymbol{r}_{ip} + \boldsymbol{r}_{ik} + \boldsymbol{u}_{ik}) \times \boldsymbol{v}_{Ai} \\
&= \boldsymbol{h}_{Ai} + \boldsymbol{r}_{ip} \times \boldsymbol{P}_{Ai}
\end{aligned} \tag{2.47}$$

根据角动量定理,有帆板 A_i 相对 O_o 旋转运动方程

$$\dot{\boldsymbol{h}}_{oAi} = \dot{\boldsymbol{h}}_{bAi} = \boldsymbol{g}_{Ai} + \boldsymbol{g}_{ofi} + \boldsymbol{r}_{ip} \times (\boldsymbol{f}_{Ai} + \boldsymbol{f}_{ofi}) \tag{2.48}$$

其在 F_b 系中的相对时间导数方程为

$$\mathring{\boldsymbol{h}}_{bAi} + \boldsymbol{\omega}_s \times \boldsymbol{h}_{bAi} = \boldsymbol{g}_{Ai} + \boldsymbol{g}_{ofi} + \boldsymbol{r}_{ip} \times (\boldsymbol{f}_{Ai} + \boldsymbol{f}_{ofi}) \tag{2.49}$$

2.3.3.2 卫星本体 B 和各挠性帆板 A_i 的旋转运动方程

建立整星系统相对于 O_o 的旋转运动方程,定义 $\boldsymbol{T}_e$ 为整星系统相对 O_o 受到的合外力矩

$$\boldsymbol{T}_e = \boldsymbol{g}_B + \sum_i \boldsymbol{g}_{Ai} + \sum_i \boldsymbol{r}_{ip} \times \boldsymbol{f}_{Ai} \tag{2.50}$$

由式(2.45)和式(2.48)可知,整星系统相对于 O_o 的旋转运动方程为

$$\dot{\boldsymbol{h}}_{bB} + \sum_i \dot{\boldsymbol{h}}_{bAi} = \boldsymbol{T}_e \tag{2.51}$$

即

$$\dot{\boldsymbol{h}}_b = \boldsymbol{T}_e \tag{2.52}$$

该方程在 F_b 系中的相对时间导数方程为

$$\mathring{\boldsymbol{h}}_b + \boldsymbol{\omega}_s \times \boldsymbol{h}_b = \boldsymbol{T}_e \tag{2.53}$$

帆板 A_i 关于 O_{fi} 的旋转运动方程,定义 $\boldsymbol{T}_{ip}$ 为帆板 A_i 相对 O_{fi} 受到的作用力矩

$$\boldsymbol{T}_{ip} = \boldsymbol{g}_{Ai} + \boldsymbol{g}_{ofi} \tag{2.54}$$

式(2.47)可得帆板 A_i 关于 O_o 的旋转运动方程

$$\dot{\boldsymbol{h}}_{oAi} = \dot{\boldsymbol{h}}_{Ai} + (\boldsymbol{\omega}_s \times \boldsymbol{r}_{ip}) \times \boldsymbol{P}_{Ai} + \boldsymbol{r}_{ip} \times \dot{\boldsymbol{P}}_{Ai} = \boldsymbol{g}_{Ai} + \boldsymbol{g}_{ofi} + \boldsymbol{r}_{ip} \times (\boldsymbol{f}_{Ai} + \boldsymbol{f}_{ofi}) \tag{2.55}$$

由动量定理可知

$$\dot{\boldsymbol{P}}_{Ai} = \boldsymbol{f}_{Ai} + \boldsymbol{f}_{ofi} \tag{2.56}$$

将式(2.56)代入式(2.55)中,可得简化的帆板 A_i 关于 O_o 的旋转运动方程

$$\dot{\boldsymbol{h}}_{\mathrm{A}i}+(\boldsymbol{\omega}_{\mathrm{s}}\times\boldsymbol{r}_{ip})\times\boldsymbol{P}_{\mathrm{A}i}=\boldsymbol{T}_{ip} \tag{2.57}$$

其在 F_{b} 系中的相对时间导数方程为

$$\overset{\circ}{\boldsymbol{h}}_{\mathrm{A}i}+\boldsymbol{\omega}_{\mathrm{s}}\times\boldsymbol{h}_{\mathrm{A}i}+(\boldsymbol{\omega}_{\mathrm{s}}\times\boldsymbol{r}_{ip})\times\boldsymbol{P}_{\mathrm{A}i}=\boldsymbol{T}_{ip} \tag{2.58}$$

该方程在 F_{f} 系中的相对时间导数方程为

$$\overset{\Delta i}{\boldsymbol{h}}_{\mathrm{A}i}+(\boldsymbol{\omega}_{\mathrm{s}}+\boldsymbol{\omega}_{i\mathrm{A}})\times\boldsymbol{h}_{\mathrm{A}i}+(\boldsymbol{\omega}_{\mathrm{s}}\times\boldsymbol{r}_{ip})\times\boldsymbol{P}_{\mathrm{A}i}=\boldsymbol{T}_{ip} \tag{2.59}$$

2.3.4　姿态动力学模型的矩阵描述

2.3.4.1　矢量、张量的矩阵描述

为便于参数计算，将矢量和张量在相应坐标系中展开

$$(\boldsymbol{h}_{\mathrm{b}}\boldsymbol{\omega}_{\mathrm{s}}\boldsymbol{r}_{ip})=\boldsymbol{F}_{\mathrm{b}}\boldsymbol{\cdot}(\boldsymbol{h}_{\mathrm{b}}\boldsymbol{\omega}_{\mathrm{s}}\boldsymbol{r}_{ip})$$
$$(\boldsymbol{h}_{\mathrm{A}i}\boldsymbol{P}_{\mathrm{A}i}\boldsymbol{\omega}_{i\mathrm{A}}\boldsymbol{r}_{ik}\boldsymbol{u}_{ik}\boldsymbol{c}_{ia})=\boldsymbol{F}_{\mathrm{f}}\boldsymbol{\cdot}(\boldsymbol{h}_{\mathrm{A}i}\boldsymbol{P}_{\mathrm{A}i}\boldsymbol{\omega}_{i\mathrm{A}}\boldsymbol{r}_{ik}\boldsymbol{u}_{ik}\boldsymbol{c}_{ia})$$
$$(\boldsymbol{I}_{\mathrm{s}}\boldsymbol{I}_{\mathrm{B}}\boldsymbol{I}_{iao})=\boldsymbol{F}_{\mathrm{b}}\boldsymbol{\cdot}(\mathcal{I}_{\mathrm{s}}\mathcal{I}_{\mathrm{B}}\mathcal{I}_{iao})\boldsymbol{\cdot}\boldsymbol{F}_{\mathrm{b}}^{\mathrm{T}} \tag{2.60}$$
$$\boldsymbol{I}_{ia}=\boldsymbol{F}_{\mathrm{f}}\boldsymbol{\cdot}(\mathcal{I}_{ia})\boldsymbol{\cdot}\boldsymbol{F}_{\mathrm{f}}^{\mathrm{T}}$$
$$\boldsymbol{R}_{ias}=\boldsymbol{F}_{\mathrm{b}}(\mathcal{R}_{ias})\boldsymbol{F}_{\mathrm{f}}^{\mathrm{T}}=\boldsymbol{R}_{isa}^{\mathrm{T}}$$

上式说明，矢量 $\boldsymbol{h}_{\mathrm{b}}$、$\boldsymbol{\omega}_{\mathrm{s}}$、$\boldsymbol{r}_{ip}$ 在 F_{b} 系展开的坐标列阵分别为 $\boldsymbol{h}_{\mathrm{b}}$、$\boldsymbol{\omega}_{\mathrm{s}}$、$\boldsymbol{r}_{ip}$；矢量 $\boldsymbol{h}_{\mathrm{A}i}$、$\boldsymbol{P}_{\mathrm{A}i}$、$\boldsymbol{\omega}_{i\mathrm{A}}$、$\boldsymbol{r}_{ik}$、$\boldsymbol{u}_{ik}$、$\boldsymbol{c}_{ia}$ 在 F_{f} 系中展开的坐标列阵分别为 $\boldsymbol{h}_{\mathrm{A}i}$、$\boldsymbol{P}_{\mathrm{A}i}$、$\boldsymbol{\omega}_{i\mathrm{A}}$、$\boldsymbol{r}_{ik}$、$\boldsymbol{u}_{ik}$、$\boldsymbol{c}_{ia}$；惯性并矢 $\mathcal{I}_{\mathrm{s}}$、$\mathcal{I}_{\mathrm{B}}$、$\mathcal{I}_{iao}$ 在 F_{b} 系中展开成惯量矩阵 $\boldsymbol{I}_{\mathrm{s}}$、$\boldsymbol{I}_{\mathrm{B}}$、$\boldsymbol{I}_{iao}$；惯性并矢 $\mathcal{I}_{ia}$ 在 F_{f} 系中展开成惯量矩阵 $\boldsymbol{I}_{ia}$；耦合惯量并矢 $\mathcal{R}_{ias}$ 在 F_{b} 和 F_{f} 中展开得到帆板转动与整星转动耦合惯量矩阵 $\boldsymbol{R}_{ias}$。

利用上述约定得到以下结论：

① 惯性并矢的矩阵表示：

$$\boldsymbol{I}_{\mathrm{B}}=\boldsymbol{F}_{\mathrm{b}}\boldsymbol{\cdot}(\mathcal{I}_{\mathrm{B}})\boldsymbol{\cdot}\boldsymbol{F}_{\mathrm{b}}^{\mathrm{T}}=-\sum_{n}m_{n\mathrm{b}}(\boldsymbol{r}_{\mathrm{b}}^{\times}\boldsymbol{r}_{\mathrm{b}}^{\times}) \tag{2.61}$$

注意："$\times$"符号用于计算向量积方便而定义，具体形式为 $\boldsymbol{r}_{\mathrm{b}}^{\times}=\begin{bmatrix}0 & -r_{\mathrm{b}3} & r_{\mathrm{b}2} \\ r_{\mathrm{b}3} & 0 & -r_{\mathrm{b}1} \\ -r_{\mathrm{b}2} & r_{\mathrm{b}1} & 0\end{bmatrix}$ 的反对称矩阵，下同。

$$\boldsymbol{I}_{ia}=\boldsymbol{F}_{\mathrm{f}}\boldsymbol{\cdot}(\mathcal{I}_{ia})\boldsymbol{\cdot}\boldsymbol{F}_{\mathrm{f}}^{\mathrm{T}}=-\sum_{k}m_{ik}(\boldsymbol{r}_{ik}^{\times}\boldsymbol{r}_{ik}^{\times}) \tag{2.62}$$

$$\boldsymbol{I}_{iao}=\boldsymbol{F}_{\mathrm{b}}\boldsymbol{\cdot}(\mathcal{I}_{iao})\boldsymbol{\cdot}\boldsymbol{F}_{\mathrm{b}}^{\mathrm{T}}=-\sum_{n}m_{n\mathrm{b}}\boldsymbol{T}_{isa}((\boldsymbol{r}_{ip}+\boldsymbol{r}_{ik})^{\times}(\boldsymbol{r}_{ip}+\boldsymbol{r}_{ik})^{\times})\boldsymbol{T}_{ias} \tag{2.63}$$

$$\begin{aligned}\boldsymbol{I}_{\mathrm{s}}&=\boldsymbol{F}_{\mathrm{b}}\boldsymbol{\cdot}(\mathcal{I}_{\mathrm{s}})\boldsymbol{\cdot}\boldsymbol{F}_{\mathrm{b}}^{\mathrm{T}}\\ &=\boldsymbol{I}_{\mathrm{B}}+\sum_{i}\boldsymbol{T}_{isa}\boldsymbol{I}_{ia}\boldsymbol{T}_{isa}-\sum_{i}m_{\mathrm{A}i}\boldsymbol{r}_{ip}^{\times}\boldsymbol{r}_{ip}^{\times}\\ &\quad +\sum_{i}[2\boldsymbol{r}_{ip}^{\mathrm{T}}\boldsymbol{T}_{isa}\boldsymbol{c}_{ia}\mathbf{E}_{3}-\boldsymbol{r}_{ip}(\boldsymbol{T}_{isa}\boldsymbol{c}_{ia})^{\mathrm{T}}-\boldsymbol{T}_{isa}\boldsymbol{c}_{ia}\boldsymbol{r}_{ip}^{\mathrm{T}}]\end{aligned} \tag{2.64}$$

其中，$\boldsymbol{E}_3$ 为三阶单位矩阵。

② 角动量的矩阵表示：

$$\boldsymbol{h}_b = \boldsymbol{F}_b \cdot \boldsymbol{h}_b = \boldsymbol{I}_s \boldsymbol{\omega}_s + \sum_i \boldsymbol{R}_{ias} \boldsymbol{\omega}_{iA} + \sum_i \sum_k m_{ik} \boldsymbol{T}_{isa} \boldsymbol{r}_{ik}^{\times} \dot{\boldsymbol{u}}_{ik}$$
$$+ \sum_i \sum_k m_{ik} \boldsymbol{r}_{ip}^{\times} \boldsymbol{T}_{isa} \dot{\boldsymbol{u}}_{ik} \tag{2.65}$$

$$\boldsymbol{h}_{Ai} = \boldsymbol{F}_f \cdot \boldsymbol{h}_{Ai} = \boldsymbol{R}_{isa} \boldsymbol{\omega}_s + \boldsymbol{I}_{ia} \boldsymbol{\omega}_{iA} + \sum_k m_{ik} \boldsymbol{r}_{ik}^{\times} \dot{\boldsymbol{u}}_{ik} \tag{2.66}$$

$$\boldsymbol{R}_{ias} = \boldsymbol{F}_b (\mathbb{R}_{ias}) \boldsymbol{F}_f^T = \boldsymbol{T}_{isa} \boldsymbol{I}_{ia} - \boldsymbol{r}_{ip}^{\times} \boldsymbol{T}_{isa} \boldsymbol{c}_{ia}^{\times} = \boldsymbol{R}_{isa}^T \tag{2.67}$$

2.3.4.2 动力学方程的矩阵描述

(1) 整星系统的旋转(姿态)运动方程的矩阵描述

由式(2.53)和式(2.65)可得

$$\boldsymbol{F}_b \cdot (\mathring{\boldsymbol{h}}_b + \boldsymbol{\omega}_s \times \boldsymbol{h}_b) = \boldsymbol{F}_b \cdot \boldsymbol{T}_e \tag{2.68}$$

即

$$\dot{\boldsymbol{h}}_b + \boldsymbol{\omega}_s^{\times} \boldsymbol{h}_b = \boldsymbol{T}_e \tag{2.69}$$

其中

$$\boldsymbol{T}_e = \boldsymbol{g}_B + \sum_i \boldsymbol{T}_{isa} \boldsymbol{g}_{Ai} + \sum_i \boldsymbol{r}_{ip}^{\times} \boldsymbol{T}_{isa} \boldsymbol{f}_{Ai} \tag{2.70}$$

展开成

$$\boldsymbol{I}_s \dot{\boldsymbol{\omega}}_s + \dot{\boldsymbol{I}}_s \boldsymbol{\omega}_s + \sum_i (\boldsymbol{R}_{ias} \dot{\boldsymbol{\omega}}_{iA} + \dot{\boldsymbol{R}}_{ias} \boldsymbol{\omega}_{iA}) + \boldsymbol{\omega}_s^{\times} \boldsymbol{I}_s \boldsymbol{\omega}_s + \boldsymbol{\omega}_s^{\times} \sum_i \boldsymbol{R}_{ias} \boldsymbol{\omega}_{iA}$$
$$+ \sum_i \sum_k m_{ik} \boldsymbol{T}_{isa} \boldsymbol{r}_{ik}^{\times} \ddot{\boldsymbol{u}}_{ik} + \sum_i \sum_k m_{ik} \boldsymbol{r}_{ip}^{\times} \boldsymbol{T}_{isa} \ddot{\boldsymbol{u}}_{ik} + \boldsymbol{\omega}_s^{\times} (\sum_i \sum_k m_{ik} \boldsymbol{T}_{isa} \boldsymbol{r}_{ik}^{\times} \dot{\boldsymbol{u}}_{ik}$$
$$+ \sum_i \sum_k m_{ik} \boldsymbol{r}_{ip}^{\times} \boldsymbol{T}_{isa} \dot{\boldsymbol{u}}_{ik}) = \boldsymbol{T}_e \tag{2.71}$$

略去运动变量间三阶以上耦合项，式(2.71)可整理为

$$\boldsymbol{I}_s \dot{\boldsymbol{\omega}}_s + \sum_i \boldsymbol{R}_{ias} \dot{\boldsymbol{\omega}}_{iA} + \boldsymbol{\omega}_s^{\times} \boldsymbol{I}_s \boldsymbol{\omega}_s + \boldsymbol{\omega}_s^{\times} \sum_i \boldsymbol{R}_{ias} \boldsymbol{\omega}_{iA} + \sum_i \sum_k m_{ik} \boldsymbol{T}_{isa} \boldsymbol{r}_{ik}^{\times} \ddot{\boldsymbol{u}}_{ik}$$
$$+ \sum_i \sum_k m_{ik} \boldsymbol{r}_{ip}^{\times} \boldsymbol{T}_{isa} \ddot{\boldsymbol{u}}_{ik} + \boldsymbol{\omega}_s^{\times} (\sum_i \sum_k m_{ik} \boldsymbol{T}_{isa} \boldsymbol{r}_{ik}^{\times} \dot{\boldsymbol{u}}_{ik}$$
$$+ \sum_i \sum_k m_{ik} \boldsymbol{r}_{ip}^{\times} \boldsymbol{T}_{isa} \dot{\boldsymbol{u}}_{ik}) = \boldsymbol{T}_e \tag{2.72}$$

根据线性振动理论，在附件坐标系中，质点的振动位移可利用有限元分析结果来表示，即

$$\boldsymbol{u}_{ik} = \boldsymbol{\Phi}_{ik} \boldsymbol{\eta}_i \tag{2.73}$$

将式(2.73)代入式(2.72)，并定义如下振动相关耦合系数：

$$\boldsymbol{B}_{irot} = \sum_k m_{ik} \boldsymbol{r}_{ik}^{\times} \boldsymbol{\Phi}_{ik} \tag{2.74}$$

$$\boldsymbol{B}_{i\,\mathrm{tran}} = \sum_k m_{ik} \boldsymbol{\Phi}_{ik} \tag{2.75}$$

$$\boldsymbol{F}_{iS} = \boldsymbol{T}_{isa} \boldsymbol{B}_{i\,\mathrm{rot}} + \boldsymbol{r}_{ip}^{\times} \boldsymbol{T}_{isa} \boldsymbol{B}_{i\,\mathrm{tran}} \tag{2.76}$$

其实际物理意义为:

$\boldsymbol{B}_{i\,\mathrm{tran}}$——帆板 A_i 的振动与其在帆板系相对 O_{fi} 的平动耦合系数矩阵;

$\boldsymbol{B}_{i\,\mathrm{rot}}$——帆板 A_i 的振动与其在帆板系相对 O_{fi} 的转动耦合系数矩阵;

$\boldsymbol{F}_{iS}$——帆板 A_i 振动对整星相对本体系的转动耦合系数矩阵。

将式(2.73)~式(2.76)代入式(2.72)进行化简可得

$$\boldsymbol{I}_s \dot{\boldsymbol{\omega}}_s + \boldsymbol{\omega}_s^{\times} \boldsymbol{I}_s \boldsymbol{\omega}_s + \sum_i [\boldsymbol{R}_{ias} \dot{\boldsymbol{\omega}}_{iA} + F_{iS} \ddot{\boldsymbol{\eta}}_i + \boldsymbol{\omega}_s^{\times}(\boldsymbol{R}_{ias}\boldsymbol{\omega}_{iA} + F_{iS}\ddot{\boldsymbol{\eta}}_i)] = \boldsymbol{T}_e \tag{2.77}$$

(2)帆板 A_i 关于 O_{fi} 的旋转运动方程矩阵描述

由式(2.59)和式(2.66)可得

$$\boldsymbol{F}_f \cdot (\overset{\Delta i}{\boldsymbol{h}}_{Ai} + (\boldsymbol{\omega}_s + \boldsymbol{\omega}_{iA}) \times \boldsymbol{h}_{Ai} + (\boldsymbol{\omega}_s \times \boldsymbol{r}_{ip}) \times \boldsymbol{P}_{Ai}) = \boldsymbol{F}_f \cdot \boldsymbol{T}_{ip} \tag{2.78}$$

即

$$\dot{\boldsymbol{h}}_{Ai} + (\boldsymbol{T}_{ias}\boldsymbol{\omega}_s + \boldsymbol{\omega}_{iA})^{\times} \boldsymbol{h}_{Ai} + (\boldsymbol{T}_{ias}\boldsymbol{\omega}_s^{\times}\boldsymbol{r}_{ip})^{\times} \boldsymbol{P}_{Ai} = \boldsymbol{T}_{ip} \tag{2.79}$$

展开成

$$\boldsymbol{R}_{isa} \dot{\boldsymbol{\omega}}_s + \dot{\boldsymbol{R}}_{isa} \boldsymbol{\omega}_s + \boldsymbol{I}_{ia} \dot{\boldsymbol{\omega}}_{iA} + \sum_k m_{ik} \boldsymbol{r}_{ik}^{\times} \ddot{\boldsymbol{u}}_{ik}$$
$$+ (\boldsymbol{T}_{ias}\boldsymbol{\omega}_s^{\times}\boldsymbol{T}_{isa} + \boldsymbol{\omega}_{iA}^{\times})(\boldsymbol{R}_{isa}\boldsymbol{\omega}_s + \boldsymbol{I}_{ia}\boldsymbol{\omega}_{iA} \tag{2.80}$$
$$+ \sum_k m_{ik} \boldsymbol{r}_{ik}^{\times} \dot{\boldsymbol{u}}_{ik}) + (\boldsymbol{T}_{ias}\boldsymbol{\omega}_s^{\times}\boldsymbol{r}_{ip}) \times \boldsymbol{P}_{Ai} = \boldsymbol{T}_{ip}$$

略去运动变量间三阶以上耦合项,式(2.80)可整理为

$$\boldsymbol{R}_{isa} \dot{\boldsymbol{\omega}}_s + \boldsymbol{I}_{ia} \dot{\boldsymbol{\omega}}_{iA} + \sum_k m_{ik} \boldsymbol{r}_{ik}^{\times} \ddot{\boldsymbol{u}}_{ik} + \boldsymbol{\omega}_{iA}^{\times} \boldsymbol{R}_{isa}\boldsymbol{\omega}_s + \boldsymbol{\omega}_{iA}^{\times} \boldsymbol{I}_{ia}\boldsymbol{\omega}_{iA} + \boldsymbol{\omega}_{iA}^{\times} \sum_k m_{ik} \boldsymbol{r}_{ik}^{\times} \dot{\boldsymbol{u}}_{ik} = T_{ip} \tag{2.81}$$

将式(2.73)、式(2.74)代入式(2.81),可得

$$\boldsymbol{R}_{isa} \dot{\boldsymbol{\omega}}_s + \boldsymbol{I}_{ia} \dot{\boldsymbol{\omega}}_{iA} + \boldsymbol{F}_{iA} \ddot{\boldsymbol{\eta}}_i + \boldsymbol{\omega}_{iA}^{\times}(\boldsymbol{R}_{isa}\boldsymbol{\omega}_s + \boldsymbol{I}_{ia}\boldsymbol{\omega}_{iA} + \boldsymbol{F}_{iA}\dot{\boldsymbol{\eta}}_i) = \boldsymbol{T}_{ip} \tag{2.82}$$

2.3.5 挠性帆板的模态方程

根据式(2.43),帆板 A_i 的动能的矩阵表示

$$\boldsymbol{T}_i = \frac{1}{2} \sum_k m_{ik} [(\boldsymbol{T}_{isa}\dot{\boldsymbol{u}}_{ik})^{\mathrm{T}}(\boldsymbol{T}_{isa}\dot{\boldsymbol{u}}_{ik}) + 2(\boldsymbol{T}_{isa}\dot{\boldsymbol{u}}_{ik})^{\mathrm{T}}(\boldsymbol{r}_{ip}^{\times})^{\mathrm{T}}\boldsymbol{\omega}_s$$
$$+ 2(\boldsymbol{T}_{isa}\boldsymbol{r}_{ik}^{\times}\dot{\boldsymbol{u}}_{ik})^{\mathrm{T}}\boldsymbol{\omega}_s + 2(\boldsymbol{r}_{ik}^{\times}\dot{\boldsymbol{u}}_{ik})^{\mathrm{T}}\boldsymbol{\omega}_{iA}] + \Psi(\boldsymbol{\omega}_s,\boldsymbol{\omega}_{iA}) \tag{2.83}$$

将式(2.73)代入式(2.83),可得

$$\boldsymbol{T}_i = \frac{1}{2} \sum_k m_{ik} \left[\frac{1}{2} \dot{\boldsymbol{\eta}}_i^{\mathrm{T}} \boldsymbol{\Phi}_{ik}^{\mathrm{T}} \boldsymbol{T}_{ias} \boldsymbol{T}_{isa} \boldsymbol{\Phi}_{ik} \dot{\boldsymbol{\eta}}_i + \dot{\boldsymbol{\eta}}_i^{\mathrm{T}} \boldsymbol{\Phi}_{ik}^{\mathrm{T}} \boldsymbol{T}_{ias}(\boldsymbol{r}_{ip}^{\times})^{\mathrm{T}}\boldsymbol{\omega}_s \right.$$
$$\left. + (\boldsymbol{T}_{isa}\boldsymbol{r}_{ik}^{\times}\boldsymbol{\Phi}_{ik}\dot{\boldsymbol{\eta}}_i)^{\mathrm{T}}\boldsymbol{\omega}_s + (\boldsymbol{r}_{ik}^{\times}\boldsymbol{\Phi}_{ik}\dot{\boldsymbol{\eta}}_i)^{\mathrm{T}}\boldsymbol{\omega}_{iA} \right] + \Psi(\boldsymbol{\omega}_s,\boldsymbol{\omega}_{iA}) \tag{2.84}$$

由于 $\boldsymbol{\Phi}_{ik}$ 为归一化振型,故

$$\sum_k m_{ik} \boldsymbol{\Phi}_{ik}^{\mathrm{T}} \boldsymbol{T}_{ias} \boldsymbol{T}_{isa} \boldsymbol{\Phi}_{ik} = \mathbf{E} \tag{2.85}$$

根据式(2.74)和式(2.76)有

$$\boldsymbol{F}_{iA}^{\mathrm{T}} = \boldsymbol{B}_{irot} = \sum_k m_{ik} (\boldsymbol{r}_{ik}^{\times} \boldsymbol{\Phi}_{ik})^{\mathrm{T}} \tag{2.86}$$

$$\boldsymbol{F}_{iS}^{\mathrm{T}} = \sum_k m_{ik} \boldsymbol{\Phi}_{ik}^{\mathrm{T}} \boldsymbol{T}_{isa}^{\mathrm{T}} \boldsymbol{r}_{ip}^{\times \mathrm{T}} + \sum_k m_{ik} (\boldsymbol{T}_{isa} \boldsymbol{r}_{ik}^{\times} \boldsymbol{\Phi}_{ik})^{\mathrm{T}} \tag{2.87}$$

式(2.84)可改写为

$$\boldsymbol{T}_i = \frac{1}{2} \dot{\boldsymbol{\eta}}_i^{\mathrm{T}} \dot{\boldsymbol{\eta}}_i + \dot{\boldsymbol{\eta}}_i^{\mathrm{T}} \boldsymbol{F}_{iS}^{\mathrm{T}} \boldsymbol{\omega}_s + \dot{\boldsymbol{\eta}}_i^{\mathrm{T}} \boldsymbol{F}_{iA}^{\mathrm{T}} \boldsymbol{\omega}_{iA} + \Psi(\boldsymbol{\omega}_s, \boldsymbol{\omega}_{iA}) \tag{2.88}$$

由线性振动理论可知,帆板 A_i 的应变势能为

$$\boldsymbol{U}_i = \frac{1}{2} \sum_k \boldsymbol{u}_{ik}^{\mathrm{T}} \boldsymbol{K}_{ik} \boldsymbol{u}_{ik} = \frac{1}{2} \boldsymbol{\eta}_i^{\mathrm{T}} \boldsymbol{\Phi}_{ik}^{\mathrm{T}} \boldsymbol{K}_{ik} \boldsymbol{\Phi}_{ik} \boldsymbol{\eta}_i = \frac{1}{2} \boldsymbol{\eta}_i^{\mathrm{T}} \boldsymbol{\Omega}_i^2 \boldsymbol{\eta}_i \tag{2.89}$$

其中,$\boldsymbol{K}_{ik}$ 为第 k 个节点的 3×3 刚度矩阵。

定义帆板 A_i 的拉格朗日函数为

$$L = \boldsymbol{T}_i - \boldsymbol{U}_i \tag{2.90}$$

根据变分原理,可得挠性帆板 A_i 的拉格朗日方程

$$\frac{\mathrm{d}}{\mathrm{d}t} \times \frac{\partial \boldsymbol{L}}{\partial \dot{\boldsymbol{\eta}}_i} - \frac{\partial \boldsymbol{L}}{\partial \boldsymbol{\eta}_i} = 0 \tag{2.91}$$

从而可得帆板 A_i 的模态方程

$$\ddot{\boldsymbol{\eta}}_i + \boldsymbol{\Omega}_i^2 \boldsymbol{\eta}_i + \boldsymbol{F}_{iS}^{\mathrm{T}} \dot{\boldsymbol{\omega}}_s + \boldsymbol{F}_{iA}^{\mathrm{T}} \dot{\boldsymbol{\omega}}_{iA} = 0 \tag{2.92}$$

2.3.6　挠性动力学模型

将式(2.77)、式(2.82)和式(2.92)归纳到一起,得到线性化的卫星姿态动力学方程

$$\begin{cases} \boldsymbol{I}_s \dot{\boldsymbol{\omega}}_s + \boldsymbol{\omega}_s^{\times} \boldsymbol{I}_s \boldsymbol{\omega}_s + \sum_i [\boldsymbol{R}_{ias} \dot{\boldsymbol{\omega}}_{iA} + \boldsymbol{F}_{iS} \ddot{\boldsymbol{\eta}}_i + \boldsymbol{\omega}_s^{\times} (\boldsymbol{R}_{ias} \boldsymbol{\omega}_{iA} + \boldsymbol{F}_{iS} \dot{\boldsymbol{\eta}}_i)] = \boldsymbol{T}_e \\ \boldsymbol{R}_{isa} \dot{\boldsymbol{\omega}}_s + \boldsymbol{I}_{ia} \dot{\boldsymbol{\omega}}_{iA} + \boldsymbol{F}_{iA} \ddot{\boldsymbol{\eta}}_i + \boldsymbol{\omega}_{iA}^{\times} (\boldsymbol{R}_{isa} \boldsymbol{\omega}_s + \boldsymbol{I}_{ia} \boldsymbol{\omega}_{iA} + \boldsymbol{F}_{iA} \dot{\boldsymbol{\eta}}_i) = \boldsymbol{T}_{ip} \\ \ddot{\boldsymbol{\eta}}_i + \boldsymbol{\Omega}_i^2 \boldsymbol{\eta}_i + \boldsymbol{F}_{iS}^{\mathrm{T}} \dot{\boldsymbol{\omega}}_s + \boldsymbol{F}_{iA}^{\mathrm{T}} \dot{\boldsymbol{\omega}}_{iA} = 0 \end{cases}$$

$$\tag{2.93}$$

如果考虑挠性帆板 A_i 结构阻尼 ξ_i,则帆板的模态方程(2.92)可化为

$$\ddot{\boldsymbol{\eta}}_i + 2\xi_i \boldsymbol{\Omega}_i \dot{\boldsymbol{\eta}}_i + \boldsymbol{\Omega}_i^2 \boldsymbol{\eta}_i + \boldsymbol{F}_{iS}^{\mathrm{T}} \dot{\boldsymbol{\omega}}_s + \boldsymbol{F}_{iA}^{\mathrm{T}} \dot{\boldsymbol{\omega}}_{iA} = 0 \tag{2.94}$$

2.4　刚性卫星的姿态动力学模型

本节直接给出刚性卫星的姿态动力学模型:

$$\boldsymbol{I}\dot{\boldsymbol{\omega}}+\boldsymbol{\omega}^{\times}\boldsymbol{I}\boldsymbol{\omega}=\boldsymbol{T}_{\mathrm{c}} \tag{2.95}$$

其中，$\boldsymbol{I}$ 为刚体卫星的转动惯量；$\boldsymbol{\omega}$ 为刚体卫星角速度；$\boldsymbol{T}_{\mathrm{c}}$ 为控制力矩。

2.5 环境干扰力矩建模及拟合

卫星姿态控制的指向精度和稳定度与卫星所受的干扰力矩有关，影响卫星姿态的外干扰力矩有：重力梯度力矩、太阳光压力矩、气动力矩、剩磁干扰力矩等。为了确保卫星姿态指向精度和稳定度满足总体下达的指标，必须对卫星所受的干扰力矩进行分析。

2.5.1 重力梯度力矩

卫星体内每个微小质量元都受到地球引力的作用，由于卫星处于地球中心引力场，星体所受引力的分布（数值和方向）与卫星在轨道坐标系的姿态有关，引力的合力并不总是通过质心，此项因引力梯度引起的力矩称为重力梯度力矩。

如图 2.5 所示，星体内质量元 $\mathrm{d}m$ 受到地球的中心引力为 $\mathrm{d}\boldsymbol{F}$，对质心的力矩为 $\boldsymbol{\rho}\times\mathrm{d}\boldsymbol{F}$，因此

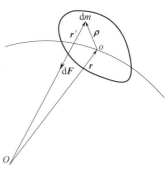

图 2.5　卫星质量元所受地球引力

作用在质量元的地心引力对星体质心 o 产生的合力矩即为重力梯度力矩 $\boldsymbol{T}_{\mathrm{g}}$，其力矩表达式如下：

$$\boldsymbol{T}_{\mathrm{g}}=\int\boldsymbol{\rho}\times\mathrm{d}\boldsymbol{F}=\int\boldsymbol{\rho}\times\left(-\frac{\mu\boldsymbol{r}'}{|\boldsymbol{r}'|^{3}}\mathrm{d}m\right) \tag{2.96}$$

式中，$\boldsymbol{r}'$ 为质量元 $\mathrm{d}m$ 的地心距；μ 为地心引力常数。

由于 $|\boldsymbol{\rho}|\ll|\boldsymbol{r}|$，有近似展开式

$$|\boldsymbol{r}|\approx r^{-3}\left(1-3\frac{\boldsymbol{\rho}\cdot\boldsymbol{r}}{r^{2}}\right) \tag{2.97}$$

将式(2.97)代入式(2.96)得

$$\boldsymbol{T}_{\mathrm{g}}=-\frac{3\mu}{r^{5}}\left[\boldsymbol{r}\times\left(\int\boldsymbol{\rho}\boldsymbol{\rho}^{\mathrm{T}}\mathrm{d}m\right)\boldsymbol{r}\right] \tag{2.98}$$

引用惯量矩阵公式，有

$$\int\boldsymbol{\rho}\boldsymbol{\rho}^{\mathrm{T}}\mathrm{d}m=\int\boldsymbol{\rho}\cdot\boldsymbol{\rho}\boldsymbol{E}\mathrm{d}m-\boldsymbol{I} \tag{2.99}$$

其中，$\boldsymbol{E}$ 为单位矩阵；$\boldsymbol{I}$ 为星体相对 o 点的惯量阵，代入式(2.98)得

$$T_g = \frac{3\mu}{r^3}(\mathbf{E} \times \mathbf{IE}) \tag{2.100}$$

其中,$\mathbf{E}$ 为卫星指向地心的单位矢量,其方向与星体在轨道坐标的姿态相对应,其方向余弦为姿态矩阵的三要素,即

$$\mathbf{E} = \mathbf{R}_{bo3} = \begin{bmatrix} A_{xz} & A_{yz} & A_{zz} \end{bmatrix}^T = \begin{bmatrix} -\cos\varphi\sin\theta & \sin\varphi & \cos\varphi\cos\theta \end{bmatrix}^T \tag{2.101}$$

由此可以得出星体受到的重力梯度力矩为

$$T_g = \frac{3\mu}{r^3}(\mathbf{R}_{bo3} \times \mathbf{IR}_{bo3}) \tag{2.102}$$

对于圆轨道有 $\mu/r^3 = \omega_0^2$,其中 ω_0 为轨道角速度。

式(2.102)给出一重要事实:地球中心引力场对卫星产生的重力梯度力矩不仅与姿态有关,更与卫星的质量特性有密切关系。

在小姿态情况下,$A_{xz} = -\theta$,$A_{yz} = \varphi$,$A_{zz} = 1$,且 A_{xz},$A_{yz} \ll 1$,则其表达式可以简化为

$$\begin{cases} T_{dgx} = 3\omega_0^2 \left[(I_z - I_y)\varphi - I_{xy}\theta + I_{yz} \right] \\ T_{dgy} = -3\omega_0^2 \left[(I_x - I_z)\theta + I_{xy}\varphi + I_{xz} \right] \\ T_{dgz} = 3\omega_0^2 (I_{xz}\varphi + I_{yz}\theta) \end{cases} \tag{2.103}$$

由式(2.103)可以看出,重力梯度在卫星三轴上产生的常值分量近似为

$$\begin{cases} T_{dgxc} = 3\omega_0^2 I_{yz} \\ T_{dgyc} = -3\omega_0^2 I_{xz} \\ T_{dgzc} = 0 \end{cases} \tag{2.104}$$

2.5.2 太阳光压力矩

2.5.2.1 光压计算公式

对于任一人造地球卫星,不管它的形状和空间姿态如何,都可首先取一"无限小"面元 ds 作为平面考虑,如图 2.6 所示。作用于其上的光压力为一合力,即

$$d\mathbf{F} = d\mathbf{F}_1 + d\mathbf{F}_2 \tag{2.105}$$

其中,$d\mathbf{F}_1$ 和 $d\mathbf{F}_2$ 各为面元 ds 受到的光压力和反射导致的作用力,有

$$d\mathbf{F}_1 = -\rho_s(\overline{n} \cdot \overline{\mathbf{L}}_s) ds \overline{\mathbf{L}}_s \tag{2.106}$$

$$d\mathbf{F}_2 = -\eta |d\mathbf{F}_1| \overline{\mathbf{L}}_s^s \tag{2.107}$$

其中,ρ_s 是面元处的光压强度;$\overline{n}$ 即所取面元 ds 的法向单位矢量,它与辐射源方向的单位矢量 $\overline{\mathbf{L}}_s$ 之间的夹角为 θ;$d\mathbf{F}_2$ 的方向符合反射规律,但其大小与面元 ds 的反射性能有关;η

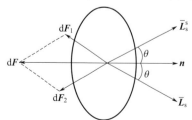

图 2.6　面元 ds 上承受的光压合力 dF

是该面元的反射系数,若为完全反射,$\eta=1$,完全吸收则对应 $\eta=0$,通常 $0<\eta<1$。于是由式(2.105)表达的光压合力为

$$dF = -\rho_s ds \cos\theta(\overline{L}_s + \eta\overline{L}_s^s) \tag{2.108}$$

其中,$ds\cos\theta$ 即面元 ds 在垂直辐射源方向的投影部分。

为了计算光压力 dF,需将 $\overline{L}_s^s$ 用已知方向 $\overline{L}_s$ 和 $\overline{n}$ 来表示。为此引进 $\overline{n}^s$ 和 $\overline{\tau}$,定义如下:

$$\begin{cases} \overline{n}^s = \dfrac{\overline{L}_s \times \overline{n}}{\sin\theta} \\ \overline{\tau} = \overline{n} \times \overline{n}^s = \dfrac{1}{\sin\theta}\overline{n} \times (\overline{L}_s \times \overline{n}) \end{cases} \tag{2.109}$$

显然,$\overline{n}^s$ 和 $\overline{\tau}$ 均在面元 ds 内,与 $\overline{n}$ 垂直,且 $\overline{n}$、$\overline{n}^s$ 与 $\overline{\tau}$ 构成右手螺旋系统。根据矢量运算公式

$$a \times (b \times c) = (a \cdot c)b - (a \cdot b)c \tag{2.110}$$

得

$$\sin\theta\overline{\tau} = (\overline{n} \cdot \overline{n})\overline{L}_s - (\overline{n} \cdot \overline{L})\overline{n} = \overline{L}_s - \cos\theta\overline{n} \tag{2.111}$$

$\overline{L}_s^s$ 显然在 $\overline{n}$ 和 $\overline{\tau}$ 确定的平面内,因此有

$$\overline{L}_s^s = (\overline{L}_s^s \cdot \overline{n})\overline{n} + (\overline{L}_s^s \cdot \overline{\tau})\overline{\tau} = \cos\theta\overline{n} + (\overline{L}_s^s \cdot \overline{L}_s - \cos\theta\overline{L}_s^s \cdot \overline{n})\overline{\tau}/\sin\theta \tag{2.112}$$

$$= \cos\theta\,\overline{n} - \sin\theta\overline{\tau} = 2\cos\theta\,\overline{n} - \overline{L}_s$$

将式(2.112)代入式(2.108)得

$$dF = -\rho_s ds \cos\theta[(1-\eta)\overline{L}_s + 2\eta\cos\theta\overline{n}] \tag{2.113}$$

于是作用在整个卫星上的光压力即为下列面积积分

$$F_s = -\oiint_\omega \rho_s \cos\theta[(1-\eta)\overline{L}_s + 2\eta\cos\theta\overline{n}]\,ds \tag{2.114}$$

这里的积分区域 ω 表示遍及卫星承受光压力的表面部分。

如果卫星的局部外形视为一平面(卫星的帆板或平面天线即如此),面积为 S,且其尺度相对它到太阳的距离很小,则式(2.114)可简化为

$$F_s = -\rho_s S \cos\theta[(1-\eta)\overline{L}_s + 2\eta\cos\theta\overline{n}] \tag{2.115}$$

以下给出在实际计算太阳光压时,一些量的详细计算和一些需要注意的问题。

太阳和卫星连线矢量的计算:首先给出地球太阳连线矢量的计算。在图 2.7 所示的惯性坐标系 O-XYZ 中,设三个天体的质量分别为 M、m 和 M',它们的位置矢量分别为 r_M、r_m 和 $r_{M'}$,它们之间的相对位置矢量为

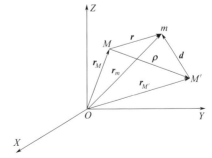

图 2.7 太阳与卫星间位置示意图

$$\begin{cases} \boldsymbol{r} = \boldsymbol{r}_m - \boldsymbol{r}_M \\ \boldsymbol{\rho} = \boldsymbol{r}_{M'} - \boldsymbol{r}_M \\ \boldsymbol{d} = \boldsymbol{r}_m - \boldsymbol{r}_{M'} \end{cases} \tag{2.116}$$

根据式

$$m_i \ddot{\boldsymbol{r}}_i = F = \sum_{\substack{j=1 \\ j \neq i}}^{N} \frac{Gm_i m_j}{r_{ij}^3} \boldsymbol{r}_{ij} \tag{2.117}$$

可以写出 M 和 m 在惯性坐标系中的运动方程如下：

$$\begin{cases} \ddot{\boldsymbol{r}}_M = \dfrac{Gm}{r^3}\boldsymbol{r} + \dfrac{GM'}{\rho^3}\boldsymbol{\rho} \\ \ddot{\boldsymbol{r}}_m = -\left(\dfrac{GM}{r^3}\boldsymbol{r} + \dfrac{GM'}{d^3}\boldsymbol{d}\right) \end{cases} \tag{2.118}$$

于是得

$$\ddot{\boldsymbol{r}} = -GM'\left(\frac{\boldsymbol{d}}{d^3} + \frac{\boldsymbol{\rho}}{\rho^3}\right) - G\frac{M+m}{r^3}\boldsymbol{r} \tag{2.119}$$

即

$$\ddot{\boldsymbol{r}} + G\frac{M+m}{r^3}\boldsymbol{r} = -GM'\left(\frac{\boldsymbol{d}}{d^3} + \frac{\boldsymbol{\rho}}{\rho^3}\right) \tag{2.120}$$

式(2.120)右端就为第三体的引力摄动加速度，具体表示为

$$\boldsymbol{f} = -GM'\left(\frac{\boldsymbol{d}}{d^3} + \frac{\boldsymbol{\rho}}{\rho^3}\right) \tag{2.121}$$

对近地卫星而言，在计算第三体摄动时，涉及太阳位置的计算，下面给出太阳位置的计算公式。

对于太阳轨道，情况比较简单。在一般情况下，将太阳轨道处理成不变椭圆，在高精度要求的情况下，可采用长期进动椭圆模型，即平均椭圆轨道。采用 a、e、i、Ω、ω、M 表示太阳在地心黄道坐标系中的平均轨道根数，那么，对 J2000.0 地心平赤道坐标系，有

$$\begin{cases} a = 1.00000102 \times 1.4959787 \times 10^8 \, (\text{km}) \\ e = 0.01670862 - 0.000042040T - 0.00000124T^2 \\ i = (23.439291 - 0.01300417T - 0.00000016T^2)\pi/180 \\ \Omega = 0 \\ \omega = (282.937347 + 0.32256206T - 0.00015757)\pi/180 \\ M = (357.529100 + 0.98556200804d - 0.0007734d^2)\pi/180 \end{cases}$$

其中，T 的单位是儒略世纪，d 的单位是地球日，有 $T = 36525d$。

将计算出的地球太阳连线矢量与卫星位置矢量做差也就计算出了卫星与太阳连线矢量。

帆板法向矢量计算：对于帆板，设按照帆板转角为零时的帆板坐标系的 $-z$

和 $+z$ 方向为左右太阳翼的法向方向,而向本体系的转换按照本体系到太阳阵局部坐标系的转换矩阵式(2.122)计算。

$$T_{1as} = \begin{bmatrix} \cos\alpha & 0 & -\sin\alpha \\ 0 & 1 & 0 \\ \sin\alpha & 0 & \cos\alpha \end{bmatrix} \tag{2.122}$$

帆板法向矢量换向:对于帆板,考虑两面都具有反射阳光的能力,因此当反射阳光的面发生切换时,相当于其反射面的法向矢量变成相反的方向,即换向问题。针对此类现象,对于计算公式(2.115),其中的 $\cos\theta$ 和 $\overline{n}$ 的计算设计方法为,首先星日方向单位矢量和天线法向单位矢量的夹角余弦为

$$\cos\theta' = \overline{L}_s \cdot \overline{n} \tag{2.123}$$

当 $\cos\theta' \geqslant 0$ 时,表示两单位矢量指向方向同向,因此按照 $\cos\theta = \cos\theta'$ 进行计算即可;

当 $\cos\theta' < 0$ 时,表示两单位矢量指向方向反向,因此按照 $\cos\theta = -\cos\theta'$,同时 $\overline{n} = -\overline{n}$ 进行计算即可。

2.5.2.2　地影问题

下面讨论卫星在地影中所满足的条件。

说明:在太阳光的照射下,地球背离太阳光的一面处于阴影之中,当卫星沿轨道运行到这一区域时,不受太阳光压的作用,受晒因子就是用来表示这一特征的,因此定义受晒因子如下:当 $k=0$ 时,表示卫星在地影中;当 $k=1$ 时,表示卫星完全受晒。

由于太阳的大小以及太阳与地球之间的距离等因素,太阳射向地球的阳光并不是严格的平行光。但对近地卫星而言,可将地影近似看作半径等于 R_e(地球的平均赤道半径)的圆柱体,阳光近似看作平行光,如图 2.8 所示。则受晒因子确定方法如下:

$$D = r \cdot r_s = r\cos\psi$$

其中,r 是卫星在地心惯性系中的位置矢量;ψ 为 r 与太阳矢量 r_s 的夹角。当 D 为正,则卫星总是在太阳光照下;当 D 为负时,有

$$\|PQ\| = \|r - r\cos\psi \hat{r}_s\| = \|r - D\hat{r}\|$$

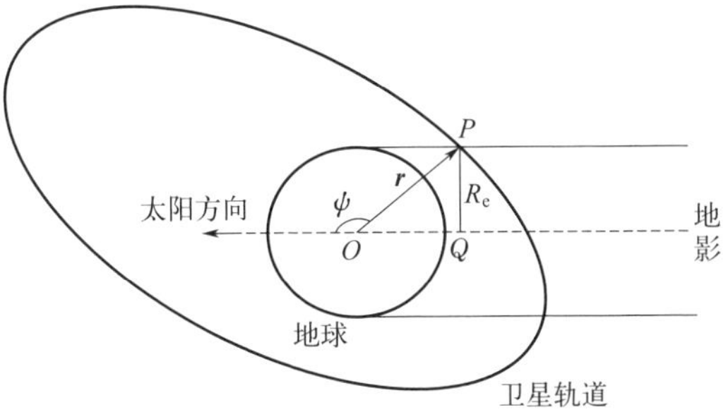

图 2.8　地影圆柱与卫星轨道的关系

如果 $\|PQ\| < R_e$ ，则卫星处于地影中。

对于考虑了地影问题的光压力计算，只需在式（2.115）中乘以相应的 1 或 0 切换的地影因子即可。

2.5.3 气动力矩

高层大气分子撞击卫星表面产生气动阻力力矩，对于 500km 以下的卫星，该干扰力矩为主要的干扰项。卫星质心与气动力作用中心不重合将产生气动力矩，气动力和气动力矩计算如下：

$$
\begin{cases}
\boldsymbol{F}_{\mathrm{p}} = -\dfrac{1}{2} C_{\mathrm{D}} S_{\mathrm{D}} \rho V \boldsymbol{V} \\
\boldsymbol{T}_{\mathrm{dp}} = L_{\mathrm{P}} R_{\mathrm{bi}} \boldsymbol{F}_{\mathrm{p}}
\end{cases}
\tag{2.124}
$$

式中，C_{D} 为大气阻力系数；S_{D} 为卫星迎流面面积；ρ 为卫星所在高度的大气密度，$\mathrm{kg/m^3}$；$\boldsymbol{V}$ 为相对大气速度；L_{p} 为太阳帆板迎风面压力中心至卫星质心的距离。

2.5.4 剩磁干扰力矩

剩磁干扰力矩是由于星上磁场与地球磁场相互作用而产生的。地球磁场分布在地球上空数万公里高度的范围内，磁位势满足拉普拉斯方程，它在球坐标系中用球谐函数表达如下：

$$
V_{\varphi} = R_{\mathrm{E}} \sum_{n=1}^{\infty} \sum_{m=0}^{n} P_n^m(\cos\theta) [g_n^m \cos(m\lambda) + h_n^m \sin(m\lambda)] \left(\frac{R_{\mathrm{E}}}{r}\right)^{n+1}
\tag{2.125}
$$

式中，R_{E} 为地球半径；r 为地心距；θ 为地心余纬；λ 为东经；g_n^m，h_n^m 为高斯系数；$P_n^m(\cos\theta)$ 为 n 次 m 阶关联勒让德函数。

地磁场矢量 B_o 与磁位势的关系如下：

$$
B_{\mathrm{o}} = -\nabla V_{\varphi}
\tag{2.126}
$$

可得地磁场矢量在 r、θ 与 λ 方向的分量为

$$
B_r = -\frac{\partial V_{\varphi}}{\partial r} = \sum_{n=1}^{N} \sum_{m=0}^{n} \left(\frac{R_{\mathrm{E}}}{r}\right)^{n+2} [g_n^m \cos(m\lambda) + h_n^m \sin(m\lambda)](n+1) P_n^m(\cos\theta)
$$

$$
B_{\theta} = -\frac{1}{r} \times \frac{\partial V_{\varphi}}{\partial \theta} = -\sum_{n=1}^{N} \sum_{m=0}^{n} \left(\frac{R_{\mathrm{E}}}{r}\right)^{n+2} [g_n^m \cos(m\lambda) + h_n^m \sin(m\lambda)] \frac{\mathrm{d}P_n^m(\cos\theta)}{\mathrm{d}\theta}
$$

$$
B_{\lambda} = \sum_{n=1}^{N} \sum_{m=0}^{n} \left(\frac{R_{\mathrm{E}}}{r}\right)^{n+2} [g_n^m \cos(m\lambda) - h_n^m \sin(m\lambda)] \frac{m P_n^m(\cos\theta)}{\sin\theta}
$$

$$
\tag{2.127}
$$

剩磁力矩计算为

$$
\boldsymbol{T}_{\mathrm{dm}} = \boldsymbol{M}_{\mathrm{m}} \times \boldsymbol{B}
\tag{2.128}
$$

其中,$\boldsymbol{M}_\mathrm{m}$ 为卫星剩磁磁矩矢量;$\boldsymbol{B}$ 为地球磁场矢量在本体坐标系上的投影。

2.5.5 环境干扰力矩的简化

依据以上环境干扰力矩建模原理可以得到较准确的一定轨道高度(500km)上的外部干扰。考虑到仿真中需要用到轨道的信息且建模过程繁复,会减缓程序运行速度,于是采用特征点拟合的方式将环境干扰力矩拟合成关于时间 t 的函数,以省去复杂的建模过程。

首先应在姿态稳定的前提下,将具有轨道及环境干扰建模的程序运行多个轨道周期,以得到样本数据;然后将得到的数据拟合成函数作为环境干扰力矩。

程序运行 6000s 以上,采用傅里叶级数对环境干扰力矩进行拟合,得到的环境干扰力矩与拟合曲线如图 2.9～图 2.17 所示。其中,紫色曲线为实际环境干扰力矩,红色曲线为相应的拟合曲线。可以看出,拟合曲线基本符合原干扰力矩曲线的大小及趋势,可代替原曲线作为干扰力矩。

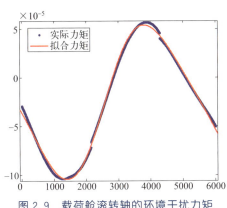

图 2.9 载荷舱滚转轴的环境干扰力矩

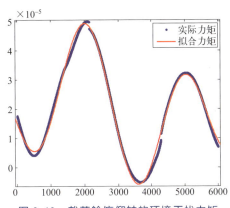

图 2.10 载荷舱俯仰轴的环境干扰力矩

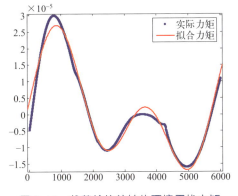

图 2.11 载荷舱偏航轴的环境干扰力矩

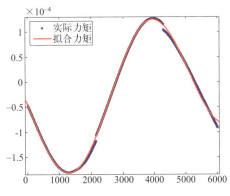

图 2.12 平台舱滚转轴的环境干扰力矩

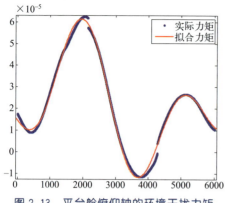

图 2.13　平台舱俯仰轴的环境干扰力矩

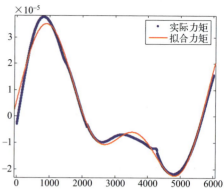

图 2.14　平台舱偏航轴的环境干扰力矩

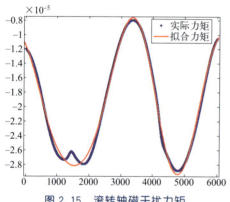

图 2.15　滚转轴磁干扰力矩

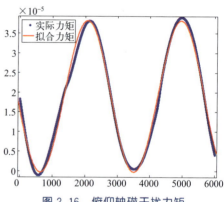

图 2.16　俯仰轴磁干扰力矩

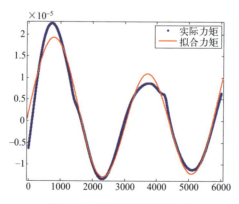

图 2.17　偏航轴磁干扰力矩

2.6 不同工作模式下卫星的动力学模型

浮体式卫星姿态控制以载荷舱为主,载荷舱姿态由非接触磁浮机构实现。平台舱跟随载荷舱,为随动控制。载荷舱与平台舱之间的相对位置由无接触相对位置传感器测得,当位置达到阈值时,由磁浮机构对两舱相对位置进行调节,保证两者相对位置在一定的阈值范围内,防止碰撞。这样的非接触设计使得载荷舱免于各种干扰,同时保证信息和能源传输,使得载荷舱能够达到超精超稳。

下面将针对不同工作模式进行浮体式卫星的数学模型介绍。

2.6.1 分离后稳定模式

分离后稳定模式,卫星的载荷舱与平台舱通过非接触磁浮机构实现完全分离,磁浮机构控制载荷舱的姿态,同时控制两舱的相对位置避免两舱发生碰撞。

2.6.1.1 两舱姿态动力学模型

载荷舱卫星的载荷舱不含挠性附件,将其视为刚体,其姿态动力学模型为

$$I_p\dot{\omega}_p + \omega_p^{\times}I_p\omega_p = T_{cp} + T_{dp} \tag{2.129}$$

其中,I_p 为载荷舱的转动惯量;ω_p 为载荷舱的角速度;T_{cp} 为载荷舱的控制力矩;T_{dp} 为载荷舱受到的环境干扰力矩。

平台舱卫星的平台舱含有太阳帆板且不考虑太阳帆板转动,将其视为挠性,其姿态动力学模型为

$$\begin{cases} I_s\dot{\omega}_s + \omega_s^{\times}I_s\omega_s + \sum_i(F_{iS}^s\ddot{\eta}_i^s + \omega_s^{\times}F_{iS}^s\dot{\eta}_i^s) = T_{cs} + T_{ds} + T_{cps} \\ \ddot{\eta}_i^s + 2\xi_i^s\Omega_i^s\dot{\eta}_i^s + \Omega_i^{s2}\eta_i^s + F_{iS}^{sT}\dot{\omega}_s = 0 \end{cases} \tag{2.130}$$

其中,I_s 为平台舱的转动惯量;ω_s 为平台舱的角速度;T_{cs} 为平台舱的控制力矩;T_{ds} 为平台舱受到的环境干扰力矩;T_{cps} 为载荷舱姿态控制力矩对平台舱产生的干扰力矩;η_i^s 为帆板的模态坐标;F_{iS}^s 为帆板振动对平台舱相对平台舱本体系的耦合系数矩阵;Ω_i^s 为帆板的模态振型频率;ξ_i^s 为帆板的挠性模态阻尼。

2.6.1.2 两舱姿态运动学模型

采用 1-2-3 转序的欧拉角方法描述两舱的姿态,则两舱的姿态运动学描述如下。

载荷舱姿态运动学模型为

$$\omega_p = \begin{bmatrix} \cos\psi_p\cos\theta_p & \sin\psi_p & 0 \\ -\sin\psi_p\cos\theta_p & \cos\psi_p & 0 \\ \sin\theta_p & 0 & 1 \end{bmatrix} \begin{bmatrix} \dot{\varphi}_p \\ \dot{\theta}_p \\ \dot{\psi}_p \end{bmatrix} \tag{2.131}$$

其中，φ_p、θ_p 和 ψ_p 分别表示载荷舱的滚动角、俯仰角和偏航角。

平台舱姿态运动学模型为

$$\boldsymbol{\omega}_s = \begin{bmatrix} \cos\psi_s\cos\theta_s & \sin\psi_s & 0 \\ -\sin\psi_s\cos\theta_s & \cos\psi_s & 0 \\ \sin\theta_s & 0 & 1 \end{bmatrix} \begin{bmatrix} \dot{\varphi}_s \\ \dot{\theta}_s \\ \dot{\psi}_s \end{bmatrix} \tag{2.132}$$

其中，φ_s、θ_s 和 ψ_s 分别表示平台舱的滚动角、俯仰角和偏航角。

2.6.1.3　两舱轨道模型

根据卫星的摄动方程表达式推导两舱的轨道模型，载荷舱在进行相对位置控制时，由于 8 个磁浮机构会对载荷舱产生控制力 $\boldsymbol{F}_c$，根据牛顿第二定律可知，磁浮机构对载荷舱产生的合控制加速度 $\boldsymbol{a}_{cp}$ 为

$$\boldsymbol{a}_{cp} = \frac{\boldsymbol{F}_c}{m_p} \tag{2.133}$$

其中，m_p 为载荷舱质量。

则载荷舱的轨道模型为

$$\ddot{\boldsymbol{r}}_p + \frac{\mu}{r_p^3}\boldsymbol{r}_p = \boldsymbol{f}_p + \boldsymbol{a}_{cp} \tag{2.134}$$

其中，$\boldsymbol{r}_p$ 表示载荷舱的位置；$\boldsymbol{f}_p$ 表示载荷舱的摄动加速度；$\boldsymbol{a}_{cp}$ 表示磁浮机构作用在载荷舱上的控制加速度在地心惯性系下的矢量。

平台舱由于具有磁浮机构会对载荷舱产生控制力，根据牛顿第三定律，平台舱也会受到大小相等方向相反的反作用控制力，因此磁浮机构对平台舱产生的反作用控制加速度 $\boldsymbol{a}_{cs}$ 为

$$\boldsymbol{a}_{cs} = -\frac{\boldsymbol{F}_c}{m_s} = -\frac{m_p}{m_s}\boldsymbol{a}_{cp} \tag{2.135}$$

其中，m_s 为平台舱质量。

则平台舱的轨道模型为

$$\ddot{\boldsymbol{r}}_s + \frac{\mu}{r_s^3}\boldsymbol{r}_s = \boldsymbol{f}_s + \boldsymbol{a}_{cs} \tag{2.136}$$

其中，$\boldsymbol{r}_s$ 表示平台舱的位置；$\boldsymbol{f}_s$ 表示平台舱的摄动加速度；$\boldsymbol{a}_{cs}$ 表示磁浮机构作用在平台舱上的控制加速度在地心惯性系下的矢量。

2.6.2　锁紧机动模式

2.6.2.1　两舱姿态动力学模型

锁紧机动模式，卫星两舱锁紧，完成姿态机动任务。将卫星视为挠性卫星，其姿态动力学模型为

$$\begin{cases} \boldsymbol{I}_1\dot{\boldsymbol{\omega}}_1 + \boldsymbol{\omega}_1^\times \boldsymbol{I}_1\boldsymbol{\omega}_1 + \sum_i [\boldsymbol{F}_{iS}^1\ddot{\boldsymbol{\eta}}_i^1 + \boldsymbol{\omega}_s^\times \boldsymbol{F}_{iS}^1\dot{\boldsymbol{\eta}}_i^1] = \boldsymbol{T}_{cl} + \boldsymbol{T}_{dl} \\ \ddot{\boldsymbol{\eta}}_i^1 + 2\boldsymbol{\xi}_i^1\boldsymbol{\Omega}_i^1\dot{\boldsymbol{\eta}}_i^1 + \boldsymbol{\Omega}_i^{12}\boldsymbol{\eta}_i^1 + \boldsymbol{F}_{iS}^{1T}\dot{\boldsymbol{\omega}}_1 = 0 \end{cases} \tag{2.137}$$

其中，$\boldsymbol{I}_1$ 为锁紧后卫星的转动惯量；$\boldsymbol{\omega}_1$ 为锁紧后卫星的角速度；$\boldsymbol{T}_{cl}$ 为锁紧后卫星的控制力矩；$\boldsymbol{T}_{dl}$ 为锁紧后卫星受到的干扰力矩；$\boldsymbol{\eta}_i^1$ 为帆板的模态坐标；$\boldsymbol{F}_{iS}^1$ 为帆板振动对卫星相对卫星本体系的耦合系数矩阵；$\boldsymbol{\Omega}_i^1$ 为帆板的模态振型频率；$\boldsymbol{\xi}_i^1$ 为帆板的挠性模态阻尼。

2.6.2.2 两舱姿态运动学模型

当滚动轴机动时，采用 1-2-3 转序的欧拉角方法描述两舱的姿态，其姿态运动学模型为

$$\boldsymbol{\omega}_1 = \begin{bmatrix} \cos\psi_1\cos\theta_1 & \sin\psi_1 & 0 \\ -\sin\psi_1\cos\theta_1 & \cos\psi_1 & 0 \\ \sin\theta_1 & 0 & 1 \end{bmatrix} \begin{bmatrix} \dot{\varphi}_1 \\ \dot{\theta}_1 \\ \dot{\psi}_1 \end{bmatrix} \tag{2.138}$$

其中，φ_1，θ_1 和 ψ_1 分别表示锁紧后卫星的滚动角、俯仰角和偏航角。

当俯仰轴机动时，采用 2-3-1 转序的欧拉角方法描述两舱的姿态，其姿态运动学模型为

$$\boldsymbol{\omega}_1 = \begin{bmatrix} 1 & \sin\psi_1 & 0 \\ 0 & \cos\psi_1\cos\varphi_1 & \sin\varphi_1 \\ 0 & -\cos\psi_1\sin\varphi_1 & \cos\varphi_1 \end{bmatrix} \begin{bmatrix} \dot{\varphi}_1 \\ \dot{\theta}_1 \\ \dot{\psi}_1 \end{bmatrix} \tag{2.139}$$

当偏航轴机动时，采用 3-1-2 转序的欧拉角方法描述两舱的姿态，其姿态运动学模型为

$$\boldsymbol{\omega}_1 = \begin{bmatrix} \cos\theta_1 & 0 & -\sin\theta_1\cos\varphi_1 \\ 0 & 1 & \sin\varphi_1 \\ \sin\theta_1 & 0 & \cos\varphi_1\cos\theta_1 \end{bmatrix} \begin{bmatrix} \dot{\varphi}_1 \\ \dot{\theta}_1 \\ \dot{\psi}_1 \end{bmatrix} \tag{2.140}$$

2.6.2.3 两舱轨道模型

锁紧机动模式时，卫星两舱锁紧时视为一个整体，则两舱锁紧时的质量为

$$m_1 = m_s + m_p \tag{2.141}$$

同时锁紧时磁浮机构不工作，因此不会产生控制力，则锁紧时两舱轨道模型为

$$\ddot{\boldsymbol{r}}_1 + \frac{\mu}{r_1^3}\boldsymbol{r}_1 = \boldsymbol{f}_1 \tag{2.142}$$

其中，$\boldsymbol{r}_1$ 表示锁紧时整星的位置；$\boldsymbol{f}_1$ 为锁紧时整星的摄动加速度。

参 考 文 献

［1］ Bolcar M R，Balasubramanian K，Clampin M，et al. Technology development for the advanced technology large aperture space telescope（ATLAST）as a candidate large UV-optical-infrared （LUVOIR） surveyor ［C］. UV/Optical/IR Space Telescopes and Instruments：Innovative Technologies and Concepts Ⅶ. SPIE，2015，9602：86-99.

［2］ Pedreiro N. Spacecraft architecture for disturbance-free payload[J]. Journal of Guidance，Control，and Dynamics，2003，26(5)：794-804.

［3］ 张伟，赵艳彬，廖鹤. 动静隔离、主从协同控制双超卫星平台设计[J]. 上海航天，2014，31(05)：7-11，30.

［4］ Kong Y，Huang H. Performance enhancement of disturbance-free payload with a novel design of architecture and control[J]. Acta Astronautica，2019，159：238-49.

［5］ Qing L，Lei L，Yifan D，et al. Twistor-based synchronous sliding mode control of spacecraft attitude and position[J]. Chinese Journal of Aeronautics，2018，31(5)：1153-64.

［6］ Pedreiro N，Carrier A，Lorell K，et al. Disturbance-free payload concept demonstration[C]. AIAA Guidance，Navigation，and Control Conference and Exhibit，2002：5027.

［7］ Gonzales M，Pedreiro N，Brookes K，et al. Unprecedented vibration isolation demonstration using the disturbance-free payload concept［C］. AIAA Guidance，Navigation，and Control Conference and Exhibit，2004：5247.

［8］ Trankle T，Pedreiro N，Andersen G. Disturbance free payload flight system analysis and simulation methods[C]. AIAA Guidance，Navigation，and Control Conference and Exhibit，2004：5875.

［9］ Stahl H P，Hopkins R C，Schnell A，et al. Designing astrophysics missions for NASA's Space Launch System[J]. Journal of Astronomical Telescopes，Instruments，and Systems，2016，2(4)：041213.

［10］ Pedreiro N，Gonzales M，Foster B，et al. Agile disturbance free payload［C］. AIAA Guidance，Navigation，and Control Conference and Exhibit. 2005：5876.

第 **3** 章
浮体式卫星敏捷控制方法

3.1 姿态敏捷机动路径设计

合理的姿态敏捷路径规划能够实现敏捷控制过程中的平稳以及敏捷机动到位后的快速稳定。本章以机动角速度不小于 $6°/s$,机动角加速度不小于 $1.5°/s^2$,10s 机动不小于 25°为控制目标输入设计角速度机动曲线。为了实现以上控制目标,本章将设计五种角速度曲线,并利用常规的 PD(比例-微分)控制律控制载荷与平台未分离的浮体式卫星,实现对五种期望角速度曲线的跟踪。根据跟踪情况来对比各种曲线的优劣。

3.1.1 三角形角速度

3.1.1.1 三角形曲线设计

设计三角形期望速度曲线如图 3.1 所示。

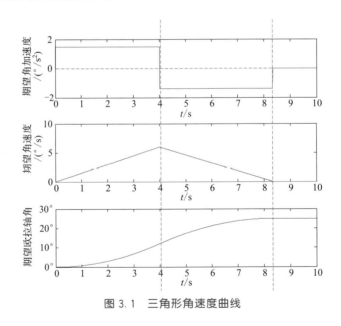

图 3.1　三角形角速度曲线

设计机动曲线时,应同时满足 $\omega_{max} \geq 6°/s$、$a_{max} \geq 1.5°/s^2$、10s 机动 25°三个条件,且尽量减小机动角加速度,这样有利于卫星对其姿态跟踪。因此,设计姿态机动期望角加速度、角速度及角度如式(3.1)～式(3.3)所示,其中 a、ω 和 β 的单位分别为 $°/s^2$、$°/s$ 和 $(°)$。需要说明的是,如果按照 $\omega_{max} = 6°/s$、$a_{max} = 1.5°/s^2$ 和 $t = 10s$、$\beta = 25°$进行设计,通过计算可知,无法得到相应的机动曲线。所以,本书设计的曲线在满足最大角速度和最大角加速度要求的情况下,实现 8s 机动 25°。

$$a = \begin{cases} 1.5 & 0 \leqslant t \leqslant 4 \\ -\dfrac{18}{13} & 4 < t \leqslant \dfrac{25}{3} \\ 0 & \dfrac{25}{3} < t \end{cases} \tag{3.1}$$

$$\omega = \begin{cases} 1.5t & 0 \leqslant t \leqslant 4 \\ -\dfrac{18}{13}t + \dfrac{150}{13} & 4 < t \leqslant \dfrac{25}{3} \\ 0 & \dfrac{25}{3} < t \end{cases} \tag{3.2}$$

$$\beta = \begin{cases} 0.75t^2 & 0 \leqslant t \leqslant 4 \\ -\dfrac{9}{13}t^2 + \dfrac{150}{13}t - \dfrac{300}{13} & 4 < t \leqslant \dfrac{25}{3} \\ 25 & \dfrac{25}{3} < t \end{cases} \tag{3.3}$$

3.1.1.2　PD 姿态跟踪控制律设计

为了验证所设计的姿态角速度曲线性能,需要设计控制律使卫星姿态跟踪期望姿态,通过姿态跟踪误差来判断期望角速度曲线的优劣。

卫星姿态误差动力学方程为

$$\begin{aligned} \boldsymbol{J}_t \dot{\boldsymbol{\omega}}_{bd} &= -\boldsymbol{J}_t \dot{\boldsymbol{\omega}}_d + \boldsymbol{u}_o - \boldsymbol{\omega}_b^\times \boldsymbol{J}_t \boldsymbol{\omega}_b + \boldsymbol{T}_d \\ \dot{q}_{bd0} &= -\frac{1}{2} \boldsymbol{q}_{bd}^T \boldsymbol{\omega}_{bd} \end{aligned} \tag{3.4}$$

其中,$\boldsymbol{J}_t$ 为卫星(两舱未分离)转动惯量;$\boldsymbol{\omega}_b$ 为卫星本体相对于惯性系的角速度;$\boldsymbol{\omega}_{bd}$ 为卫星本体角速度与期望角速度之差;$\boldsymbol{q}_{bd}$ 和 q_{bd0} 为卫星误差四元数的矢量和标量;$\boldsymbol{\omega}_d$ 为期望角速度;$\boldsymbol{u}_o$ 为控制力矩;$\boldsymbol{T}_d$ 为干扰力矩。

设计控制器如下:

$$\boldsymbol{u}_o = -\boldsymbol{K}_p \boldsymbol{q}_{bd} - \boldsymbol{K}_d \boldsymbol{\omega}_{bd} + \boldsymbol{J}_t \dot{\boldsymbol{\omega}}_d + \boldsymbol{\omega}_b^\times \boldsymbol{J}_t \boldsymbol{\omega}_b \tag{3.5}$$

其中,$\boldsymbol{K}_p = k_p \boldsymbol{J}_t$,$\boldsymbol{K}_d = k_d \boldsymbol{J}_t$ 为对角阵,分别表示控制器系数。

需要说明的是,由于设计控制器需要用到期望四元数 $\bar{\boldsymbol{q}}_d$,为了得到期望四元数 $\bar{\boldsymbol{q}}_d$,解算如下:

$$\dot{\bar{\boldsymbol{q}}}_d = \frac{1}{2} \Xi(\bar{\boldsymbol{q}}_d) \boldsymbol{\omega}_d = \frac{1}{2} \begin{bmatrix} -\boldsymbol{q}_d^T \\ q_{d0}\boldsymbol{I} + \boldsymbol{q}_d^\times \end{bmatrix} \boldsymbol{\omega}_d \tag{3.6}$$

稳定性分析:

选择 Lyapunov 函数为 $V = \dfrac{k_p}{2}(1 - q_{bd0}) + \dfrac{1}{2}\boldsymbol{\omega}_{bd}^T \boldsymbol{J}_t \boldsymbol{\omega}_{bd}$,对其求导得

$$\dot{V}=k_{\mathrm{p}}\boldsymbol{\omega}_{\mathrm{bd}}^{\mathrm{T}}\boldsymbol{q}_{\mathrm{bd}}+\boldsymbol{\omega}_{\mathrm{bd}}^{\mathrm{T}}(-\boldsymbol{J}_{\mathrm{t}}\dot{\boldsymbol{\omega}}_{\mathrm{d}}+\boldsymbol{u}_{\mathrm{o}}-\boldsymbol{\omega}_{\mathrm{b}}^{\times}\boldsymbol{J}_{\mathrm{t}}\boldsymbol{\omega}_{\mathrm{b}}+\boldsymbol{T}_{\mathrm{d}}) \tag{3.7}$$

将控制律式(3.5)代入式(3.7)可得

$$\dot{V}=-k_{\mathrm{d}}\boldsymbol{\omega}_{\mathrm{bd}}^{\mathrm{T}}\boldsymbol{\omega}_{\mathrm{bd}}+\boldsymbol{\omega}_{\mathrm{bd}}^{\mathrm{T}}\boldsymbol{T}_{\mathrm{d}}$$

$$\leqslant-\|\boldsymbol{K}_{\mathrm{d}}\|\|\boldsymbol{\omega}_{\mathrm{bd}}\|^{2}+\|\boldsymbol{\omega}_{\mathrm{bd}}\|\|\boldsymbol{T}_{\mathrm{d}}\| \tag{3.8}$$

当 $\|\boldsymbol{\omega}_{\mathrm{bd}}\|\geqslant\dfrac{\|\boldsymbol{T}_{\mathrm{d}}\|}{\|\boldsymbol{K}_{\mathrm{d}}\|}$ 时, $\dot{V}\leqslant0$。即误差角速度 $\|\boldsymbol{\omega}_{\mathrm{bd}}\|$ 可收敛至 $\dfrac{\|\boldsymbol{T}_{\mathrm{d}}\|}{\|\boldsymbol{K}_{\mathrm{d}}\|}$ 范围内。

3.1.1.3 仿真分析

仿真参数如表 3.1 所示。

表 3.1 敏捷机动路径规划仿真参数

仿真参数	参数值
转动惯量矩阵 $\boldsymbol{J}_{\mathrm{t}}/\mathrm{kg}\cdot\mathrm{m}^{2}$	$\begin{bmatrix}3000 & 2 & -2 \\ 2 & 3000 & -2 \\ -2 & -2 & 3000\end{bmatrix}$
整星质量 $m_{\mathrm{t}}/\mathrm{kg}$	3200
挠性帆板基频/Hz	$\begin{bmatrix}0.77 & 1.1 & 1.9 & 2.5\end{bmatrix}$
帆板基频阻尼	$\begin{bmatrix}0.006 & 0.009 & 0.013 & 0.025\end{bmatrix}$
帆板振动与本体耦合系数	$\boldsymbol{F}_{\mathrm{s1}}=\boldsymbol{F}_{\mathrm{s2}}=\begin{bmatrix}0.455 & -0.91 & 0.77 & 0.84 \\ 0.91 & 0.63 & 1.75 & -1.89 \\ 1.54 & -1.19 & -0.56 & -0.77\end{bmatrix}$

控制器参数：

$$\boldsymbol{K}_{\mathrm{p}}=\boldsymbol{K}_{\mathrm{d}}=200\times\mathrm{diag}(3000;3000;3000)$$

干扰力矩取周期约为 5000s，幅值为 $2\times10^{-5}\,\mathrm{N}\cdot\mathrm{m}$ 的正弦信号。

仿真结果如图 3.2～图 3.5 所示。

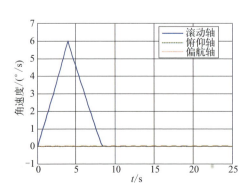

图 3.2 卫星角速度曲线(一)

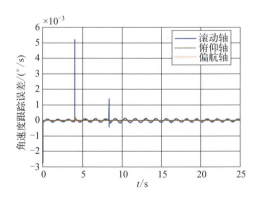

图 3.3 卫星角速度跟踪误差曲线(一)

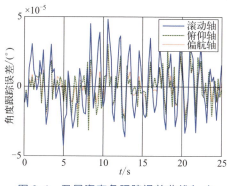

图 3.4　卫星姿态角跟踪误差曲线(一)

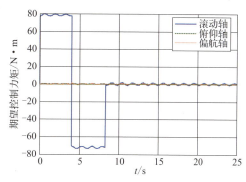

图 3.5　期望控制力矩曲线(一)

从图 3.3 可以看出,当 $t(s)=0,4,8$ 时,角速度跟踪误差有明显突变,原因是此时的期望角速度不连续,给姿态跟踪带来了困难,不利于角速度跟踪精度的提升。在其余时刻,卫星姿态跟踪稳定度较高,可达到 $0.0001°/s$,精度可达到 $5×10^{-5}(°)$。由图 3.2 可以看出,卫星最大姿态机动角加速度、最大姿态机动角速度分别可达到 $1.5°/s^2$ 和 $6°/s$,且根据图 3.1 可得卫星姿态机动角度满足 8s 机动 $25°$。

3.1.2　梯形角速度

3.1.2.1　梯形曲线设计

设计梯形期望加速度曲线如图 3.6 所示。

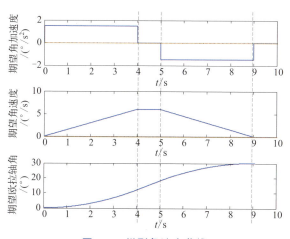

图 3.6　梯形角速度曲线

设计机动曲线时取 $\omega_{max}=6°/s$,$a_{max}=1.5°/s^2$。为了保证 10s 机动 $25°$,尽量使匀角速度运动时间较长。这里取匀角速度运动时长为 1s。设计姿态机动期望角加速度、角速度及角度如式(3.9)~式(3.11)所示,其中 a、ω 和 β 的单位分别为 $°/s^2$、$°/s$ 和 $(°)$。本节设计的曲线在满足最大角速度和最大角加速度要求的情况下,实现 9s 机动30°。

$$a = \begin{cases} 1.5 & 0 \leqslant t \leqslant 4 \\ 0 & 4 < t \leqslant 5 \\ -1.5 & 5 < t \leqslant 9 \\ 0 & 9 < t \end{cases} \tag{3.9}$$

$$\omega = \begin{cases} 1.5t & 0 \leqslant t \leqslant 4 \\ 6 & 4 < t \leqslant 5 \\ -1.5t + 13.5 & 5 < t \leqslant 9 \\ 0 & 9 < t \end{cases} \tag{3.10}$$

$$\beta = \begin{cases} 0.75t^2 & 0 \leqslant t \leqslant 4 \\ 6t - 12 & 4 < t \leqslant 5 \\ -0.75t^2 + 13.5t - 30.75 & 5 < t \leqslant 9 \\ 30 & 9 < t \end{cases} \tag{3.11}$$

3.1.2.2　仿真分析

本节采用与 3.1.1.3 节中相同的控制策略和仿真参数,对梯形的期望角速度进行跟踪,仿真结果如图 3.7~图 3.10 所示。

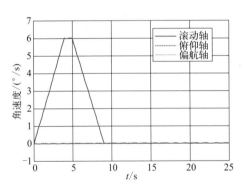

图 3.7　卫星角速度曲线(二)

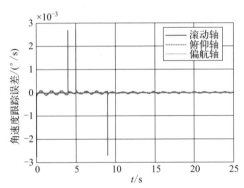

图 3.8　卫星角速度跟踪误差曲线(二)

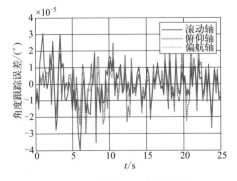

图 3.9　卫星姿态角跟踪误差曲线(二)

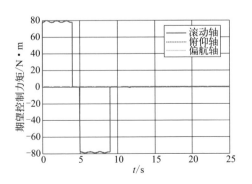

图 3.10　期望控制力矩曲线(二)

从图 3.8 可以看出,当 $t(\mathrm{s})=0,4,5,9$ 时,角速度跟踪误差会有一个明显突变,原因是此时的期望角速度不是连续的,这给姿态跟踪带来了困难,不利于角速度跟踪精度的提升。在其余时刻卫星姿态跟踪稳定度较高,可达到 $0.0001°/\mathrm{s}$,精度可达到 $4×10^{-5}(°)$。由图 3.7 可以看出,卫星最大姿态机动角加速度、最大姿态机动角速度分别可达到 $1.5°/\mathrm{s}^2$ 和 $6°/\mathrm{s}$,且根据图 3.6 可得卫星姿态机动角度满足 9s 机动 30°。

3.1.3　二次多项式角速度

3.1.3.1　二次多项式速度曲线设计

设计二次多项式期望角速度曲线如图 3.11 所示。设计机动曲线时取 $\omega_{\max}=6°/\mathrm{s},a_{\max}=1.5°/\mathrm{s}^2$。为了保证 10s 机动 25°,取较大的加速时间,这里取 4s。设计姿态机动期望角加速度、角速度及角度如式(3.12)~式(3.14)所示,其中 a、ω 和 β 的单位分别为 $°/\mathrm{s}^2$、$°/\mathrm{s}$ 和 $(°)$。本节设计的曲线在满足最大角速度和最大角加速度要求的情况下,实现 10s 机动 30°。

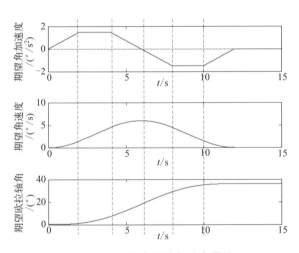

图 3.11　二次多项式角速度曲线

$$a=\begin{cases}0.75t & 0\leqslant t\leqslant2\\ 1.5 & 2<t\leqslant4\\ -0.75t+4.5 & 4<t\leqslant8\\ -1.5 & 8<t\leqslant10\\ 0.75t-9 & 10<t\leqslant12\\ 0 & 12<t\end{cases} \qquad (3.12)$$

$$\omega=\begin{cases}\dfrac{3}{8}t^2 & 0\leqslant t\leqslant 2\\[2mm] 1.5t-1.5 & 2<t\leqslant 4\\[2mm] -\dfrac{3}{8}t^2+4.5t-7.5 & 4<t\leqslant 8\\[2mm] -1.5t+16.5 & 8<t\leqslant 10\\[2mm] \dfrac{3}{8}t^2-9t+54 & 10<t\leqslant 12\\[2mm] 0 & 12<t\end{cases} \tag{3.13}$$

$$\beta=\begin{cases}\dfrac{1}{8}t^3 & 0\leqslant t\leqslant 2\\[2mm] \dfrac{3}{4}t^2-1.5t+1 & 2<t\leqslant 4\\[2mm] -\dfrac{1}{8}t^3+\dfrac{9}{4}t^2-7.5t+9 & 4<t\leqslant 8\\[2mm] -\dfrac{3}{4}t^2+16.5t-55 & 8<t\leqslant 10\\[2mm] \dfrac{1}{8}t^3-\dfrac{9}{2}t^2+54t-185 & 10<t\leqslant 12\\[2mm] 31 & 12<t\end{cases} \tag{3.14}$$

3.1.3.2　仿真分析

本节采用与 3.1.1.3 节中相同的控制策略和仿真参数,对二次多项式期望角速度进行跟踪,仿真结果如图 3.12～图 3.15 所示。

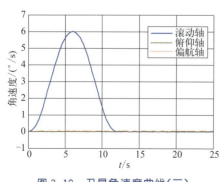

图 3.12　卫星角速度曲线(三)

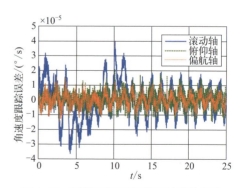

图 3.13　卫星角速度跟踪误差曲线(三)

从图 3.13 可以看出,由于期望姿态角加速度连续,角速度跟踪误差没有突变,跟踪稳定度可达到 4×10^{-5} °/s,精度可达到 4×10^{-5} (°)。由图 3.11 可以看出,卫星最大姿态机动角加速度、最大姿态机动角速度分别可达到 $1.5°/s^2$ 和 $6°/s$,且实现 10s 机动 $30°$。

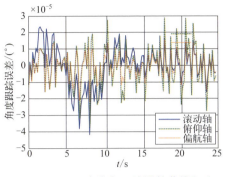

图 3.14　卫星姿态角跟踪误差曲线(三)

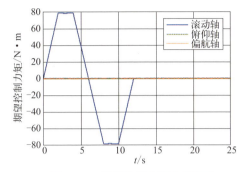

图 3.15　期望控制力矩曲线(三)

3.1.4　三次多项式角速度

3.1.4.1　三次多项式角速度曲线设计

设计三次多项式期望角速度曲线如图 3.16 所示。设计机动曲线时取 $\omega_{max}=6°/s$,$a_{max}=1.5°/s^2$。为了保证 10s 机动 $25°$,则取较大的加速时间,这里取 6s。设计姿态机动期望角加速度、角速度及角度如式(3.15)~式(3.17)所示,其中 a、ω 和 β 的单位分别为 $°/s^2$、$°/s$ 和 $(°)$。本节设计的曲线在满足最大角速度和最大角加速度要求的情况下,实现 10s 机动 $34.9°$。

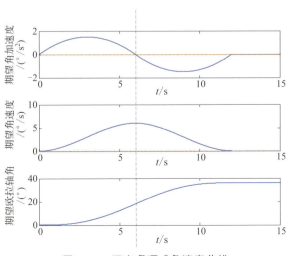

图 3.16　三次多项式角速度曲线

$$a = \begin{cases} -\dfrac{1}{6}t^2 + t & 0 \leqslant t \leqslant 6 \\ \dfrac{1}{6}(t-6)^2 - (t-6) & 6 < t \leqslant 12 \\ 0 & 12 < t \end{cases} \tag{3.15}$$

$$\omega = \begin{cases} -\dfrac{1}{18}t^3 + \dfrac{1}{2}t^2 & 0 \leqslant t \leqslant 6 \\ \dfrac{1}{18}(t-6)^3 - \dfrac{1}{2}(t-6)^2 + 6 & 6 < t \leqslant 12 \\ 0 & 12 < t \end{cases} \tag{3.16}$$

$$\beta = \begin{cases} -\dfrac{1}{72}t^4 + \dfrac{1}{6}t^3 & 0 \leqslant t \leqslant 6 \\ \dfrac{1}{72}(t-6)^4 - \dfrac{1}{6}(t-6)^3 + 6t - 18 & 6 < t \leqslant 12 \\ 36 & 12 < t \end{cases} \tag{3.17}$$

3.1.4.2 仿真分析

本节采用与 3.1.1.3 节中相同的控制策略和仿真参数,对三次多项式期望角速度进行跟踪,仿真结果如图 3.17~图 3.20 所示。

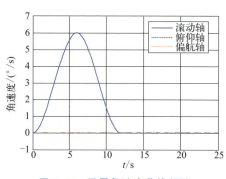

图 3.17 卫星角速度曲线(四)

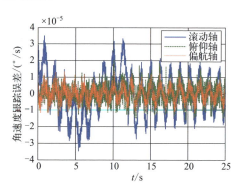

图 3.18 卫星角速度跟踪误差曲线(四)

从图 3.18 可以看出,由于期望姿态角加速度连续,角速度跟踪误差没有突变,跟踪稳定度可达到 $4 \times 10^{-5}°/s$,精度可达到 $3 \times 10^{-5}(°)$。由图 3.16 可以看出,卫星最大姿态机动角加速度、最大姿态机动角速度分别可达到 $1.5°/s^2$ 和 $6°/s$,且实现 10s 机动 34.9°。

3.1.5 正弦角速度

3.1.5.1 正弦角速度曲线设计

设计正弦期望角速度曲线如图 3.21 所示。设计机动曲线时取 $\omega_{max} = 6°/s$,

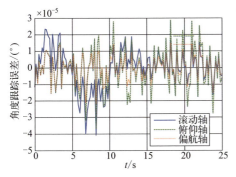

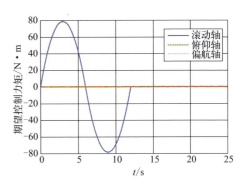

图 3.19　卫星姿态角跟踪误差曲线(四)　　　　图 3.20　期望控制力矩曲线(四)

$a_{\max} = 1.5°/s^2$。为了保证 10s 机动 25°,取较大的加速时间,这里取 6.28s。设计姿态机动期望角加速度、角速度及角度如式(3.18)~式(3.20)所示,其中 a、ω 和 β 的单位分别为 $°/s^2$、$°/s$ 和 $(°)$。本节设计的曲线在满足最大角速度和最大角加速度要求的情况下,实现 10s 机动 35.75°。

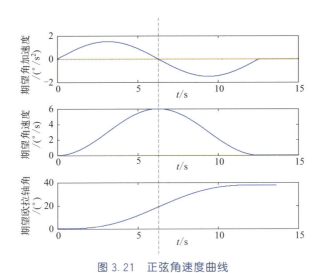

图 3.21　正弦角速度曲线

角加速度为正弦函数:

$$a = \begin{cases} 1.5\sin(t/2) & 0 \leqslant t < 4\pi \\ 0 & 4\pi \leqslant t \end{cases} \tag{3.18}$$

$$\omega = \begin{cases} -3\cos(t/2)+3 & 0 \leqslant t < 4\pi \\ 0 & 4\pi \leqslant t \end{cases} \tag{3.19}$$

$$\beta = \begin{cases} -6\sin(t/2)+3t & 0 \leqslant t < 4\pi \\ 12\pi & 4\pi \leqslant t \end{cases} \tag{3.20}$$

3.1.5.2 仿真分析

本节采用与3.1.1.3节中相同的控制策略和仿真参数,对正弦期望角速度进行跟踪,仿真结果如图3.22~图3.25所示。

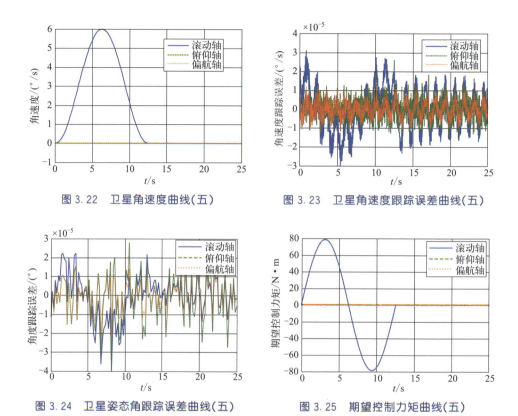

图 3.22 卫星角速度曲线(五)　　　图 3.23 卫星角速度跟踪误差曲线(五)

图 3.24 卫星姿态角跟踪误差曲线(五)　　　图 3.25 期望控制力矩曲线(五)

从图3.23可以看出,此时由于期望姿态角加速度连续,角速度跟踪误差没有突变,跟踪稳定度可达到4×10^{-5}°/s,精度可达到3×10^{-5}(°)。由图3.21可以看出,卫星最大姿态机动角加速度、最大姿态机动角速度分别可达到1.5°/s^{2}和6°/s,且实现10s机动34.9°。

3.1.6 各类型角速度曲线性能对比

根据3.1.1~3.1.5节的分析及仿真结果,将卫星对各类型角速度曲线跟踪效果总结如表3.2所示。

表 3.2 各类型角速度曲线性能对比

期望角速度曲线类型	跟踪稳定度/(°/s)	姿态跟踪误差/(°)	控制力矩范围/N·m
三角形	6×10^{-3}	5×10^{-5}	± 80

期望角速度曲线类型	跟踪稳定度/((°)/s)	姿态跟踪误差/(°)	控制力矩范围/N·m
梯形	3×10^{-3}	4×10^{-5}	± 80
二次多项式	4×10^{-5}	4×10^{-5}	± 80
三次多项式	4×10^{-5}	4×10^{-5}	± 80
正弦函数	3×10^{-5}	4×10^{-5}	± 80

从表 3.2 可以看出,由于三角形和梯形角速度曲线存在不光滑拐点,导致其在拐点处姿态角速度跟踪误差较大,影响了卫星整个机动过程角速度跟踪精度,其最大跟踪误差为 $6 \times 10^{-3}°/s$。而对于二次多项式、三次多项式及正弦函数的角速度曲线,由于曲线较光滑,有利于卫星进行角速度跟踪,其跟踪精度可达到 $4 \times 10^{-5}°/s$,远高于三角形及梯形角速度曲线。对于姿态跟踪误差,尽管三角形和梯形角速度曲线不光滑,但其积分后形成的期望姿态角曲线是光滑的,因此姿态角跟踪误差较小,均可达到 $5 \times 10^{-5}°/s$。卫星姿态跟踪时的控制力矩的范围均为 $\pm 80 \mathrm{N} \cdot \mathrm{m}$。由于要对期望角速度进行跟踪,由式(3.5)设计的控制律可知,控制律中必须包含 $\boldsymbol{J}_t a_d$ 一项,即前馈项。本书中卫星整星的转动惯量 $\boldsymbol{J}_t = 3000 \mathrm{kg} \cdot \mathrm{m}^2$,期望最大姿态角加速度 $a_{d\max} = 1.5°/s^2 = 0.0262 \mathrm{rad}/s^2$,则 $\boldsymbol{J}_t a_{d\max} = 78.6 \mathrm{N} \cdot \mathrm{m}$。也就是说,即使 PD 控制器系数取为 0,也至少需要 $78.6 \mathrm{N} \cdot \mathrm{m}$ 的控制力矩才可以实现对期望角速度的跟踪。因此,控制力矩陀螺群至少可以提供 $78.6 \mathrm{N} \cdot \mathrm{m}$ 的控制力矩。

综合各方面指标,正弦形式的期望角速度最有利于卫星进行姿态跟踪。

3.2 载荷舱高精度控制方法

浮体式卫星采用非接触设计结构,由载荷舱和平台舱两部分组成。这两部分通过非接触磁浮机构连接,实现了动静隔离。载荷舱是安静舱段,安装有磁浮机构磁钢部分、载荷和姿态敏感器。平台舱是嘈杂舱段,安装有磁浮机构线圈部分、飞轮、贮箱、喷气装置和太阳帆板。通过无接触的信号通道、相对位置传感器、电磁磁浮机构和柔性电缆,载荷舱和平台舱之间有机联系。这种设计实现了平台舱振动和干扰对载荷舱的隔离,实现了有效载荷的动静隔离效果。在载荷舱姿态控制算法设计时,只考虑环境干扰力矩对载荷舱的影响,而不受卫星挠性部件振动的影响。

3.2.1 鲁棒模型匹配方法简介

在轨运行卫星,都会受到空间环境力矩的影响。近年来的卫星飞行任务日趋多样,对姿态控制的精度要求也变得更加严格。正因为如此,姿态控制算法必须根据卫星动力学稳定性以及空间干扰力矩造成的影响进行改进。

图 3.26　日本 HALCA 卫星

根据国外卫星调研结果,本书介绍一种姿态控制算法,该算法使用干扰补偿器,可以很容易地在一个实际的受到空间环境干扰力矩影响的卫星姿态控制系统实现。该算法被日本 HALCA 卫星(图 3.26)的姿态控制系统所采用,以完成在轨天基干涉测量观测(VLBI)的任务。

对于 VLBI 任务,HALCA 必须实现高度精确的天线指向,其中精度要求优于 $0.01°$,且使用一个零动量三轴稳定控制系统。其姿态控制系统包括星敏感器(star sensor,SS)、速率积分陀螺(rate integrating gyroscope,RIG)、反作用飞轮、磁力矩器和一台数字计算机。IRU 提供角速率信息和姿态角信息,其中姿态角信息由来自 STT 的姿态数据协作得到。磁力矩器用来卸载动量。控制力矩由四个斜装的反作用飞轮提供。HALCA 有两个太阳能帆板和一个 $8m$ 直径的无线电观测天线。为了满足任务需要,其姿态控制系统必须克服观测过程中由于结构挠性和环境干扰(主要是太阳光压和地球梯度力矩)引起的干扰力矩。

本节通过在浮体式卫星载荷舱刚体动力学模型应用频域鲁棒模型匹配(robust model matching,RMM)方法设计一种干扰补偿器,所设计的补偿器能有效抑制空间环境力矩对载荷舱姿态控制精度的影响。

3.2.2 鲁棒模型匹配方法基础概念

图 3.27 表示的是一个刚体卫星的俯仰轴的姿态控制模块。其中,I_y 是卫星的转动惯量,s 是拉氏算子,$W(s)$ 是执行机构动力学模型。

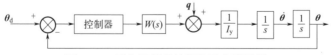

图 3.27　刚体卫星单轴简化动力学模型

RMM 方法是一种考虑了干扰、不确定性等因素的线性系统的设计方法。它以经典控制理论的原理和方法为依据,设计目标在于使干扰到所关心的输出的传递函数等于或近似为零,其原理如图 3.28 所示。通过观测输出 **y** 和控制对象的逆传递函数,就可以得到外界干扰的大小,然后将其引入控制系统中进行补偿,理论上便消除了干扰产生的影响。其中,$M(s)$ 表示干扰观测器用于对干扰大小进行估计,$L(s)$ 项则需要满足一定的函数转换关系,保证干扰补偿的正确性,$F_r(s)$ 是一个滤波器,用于选择特定频率的干扰进行抑制。

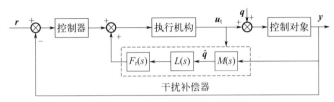

图 3.28　RMM 设计方法原理图

在控制系统中,有

$$W_{qy}(s) = [1 - F_r(s)] W'_{qy}(s) \tag{3.21}$$

其中,$W'_{qy}(s)$ 表示不包含干扰补偿器的从 q 到 y 的传递函数。在理想情况下,如果令 $F_r(s) = 1$,则加入干扰补偿器后的闭环传递函数 $W'_{qy}(s)$ 恒为零,满足了设计初衷,但是实际中是不可实现的,因为此时系统可能会引入许多不确定因素并最终导致不稳定。因此,在应用干扰补偿器时 $F_r(s)$ 的带宽是需要重点设计的。

3.2.3　姿态控制干扰补偿器设计

在应用 RMM 方法时,针对卫星单轴模型设计了一种干扰补偿器,如图 3.29 所示。在图中,I_y 是卫星转动惯量,θ 是俯仰角,$\dot{\theta}$ 是俯仰角速率,q 是广义干扰力矩(包括环境干扰力矩,系统不确定性等),u_c 是执行机构驱动指令,u_t 是执行机构输出力矩,$W(s)$ 是执行机构动力学模型。

图 3.29 中根据角速度输出和被控对象等信息可以得到广义干扰力矩 q 的计算值或是观测值为

$$\overline{q} = I_y s \dot{\theta} - u_t \tag{3.22}$$

为了消除广义干扰的影响,需要在控制器对应的控制力矩基础上添加的补偿器力矩 z_t 为

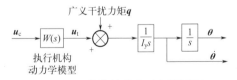

图 3.29　俯仰轴简化动力学模型

$$z_t = -\overline{q} = u_t - I_y s \dot{\theta} \tag{3.23}$$

那么相应地需要添加到执行机构的执行指令 z_c 可以根据 $W(s)$ 的模型结合式(3.23)逆推得到

$$z_c = \frac{1}{W(s)} z_t$$

$$= u_c - \frac{I_y s}{W(s)} \dot{\theta} \tag{3.24}$$

其中，$u_c = \frac{1}{W(s)} u_t$，且

$$L(s) = \frac{-1}{W(s)} \tag{3.25}$$

如果给定一个滤波器 $F_r(s)$，来限定其干扰抑制的带宽，可以获得干扰补偿器 Z 的最终形式如下：

$$Z = F_r(s) \times z_c$$

$$= F_r(s) \left[u_c - \frac{I_y s}{W(s)} \dot{\theta} \right] \tag{3.26}$$

鲁棒滤波器 $F_r(s)$ 对干扰补偿的性能起着关键作用，因为对干扰的控制带宽可以直接由 $F_r(s)$ 的带宽决定。$F_r(s)$ 的参数必须根据系统的动力学特性进行选择。比如可以取

$$F_r(s) = \frac{\alpha\beta\gamma}{(s+\alpha)(s+\beta)(s+\gamma)} \tag{3.27}$$

其中，α、β、γ 是设计的参数。

可以看出，该滤波器是由以 α、β、γ 为截止频率的三个低通滤波器串联组成的，因此以上三个参数的选取，将决定干扰补偿器的性能。若 α、β、γ 取值过大，会引入不必要的噪声，影响对干扰的补偿；若 α、β、γ 取值过小，则不能有效地抑制期望频域范围内的干扰。

3.2.4　干扰补偿器与 PID 控制器比较分析

PID 控制对于跟踪控制和干扰衰减比较有效，并且被用于大多数常规卫星的姿态控制以消除阶跃形式的干扰。在 PID 控制中，对于干扰的抑制效果主要由积分增益 K_i 决定。但是 K_i 影响系统稳定性，因此，传统的 PID 控制器对于干扰的抑制效果受到了限制。对于执行机构存在幅值饱和约束的系统，引入积分环节往往会出现积分饱和现象，即由于相同符号的姿态偏差持续很大，导致累积效果较大，使得执行机构失去调节能力而导致出现较大超调甚至使系统失控的现象。因此，基于上述原因，不鼓励引入积分项。

与之相比，所提出的干扰补偿器不仅可以抑制常值干扰还可以抑制由 $F_r(s)$ 限定的动力学干扰，并保持系统的稳定性；又因为干扰补偿器能实时估计并补偿干扰力矩，因此，采用干扰补偿器的控制方法不存在积分环节存在的误差累积现象。

3.2.5　滤波参数及 PD 参数对某单通道影响分析

以俯仰通道为例,采用 PD 控制并引入干扰补偿器。系统框图如图 3.30 所示,不考虑执行机构的模型[即 $W(s)=1$], q 为广义干扰, $C(s)=k_{py}+k_{dy}s$ 为 PD 控制器传递函数。

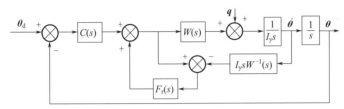

图 3.30　引入干扰补偿器的俯仰轴系统框图

根据图 3.30 得此通道的开环和闭环传递函数为

$$G_c(s)=\frac{k_{py}+k_{dy}s}{I_y s^2} \tag{3.28}$$

$$\phi_c(s)=\frac{k_{py}+k_{dy}s}{I_y s^2+k_{dy}s+k_{py}} \tag{3.29}$$

可以看出,此时系统的开环和闭环传递函数与不引入干扰补偿器时的完全相同,与参数 I_y、k_{py}、k_{dy} 有关,而与滤波参数 α、β、γ 无关。因此,引入干扰补偿器后不影响系统稳定性及响应特性。

当引入干扰补偿器时,考虑干扰输入到输出的传递函数为

$$\phi_{yqc}(s)=[1-F_r(s)]\frac{1}{I_y s^2+k_{dy}s+k_{py}} \tag{3.30}$$

当不引入干扰补偿器时,干扰输入输出关系的传递函数为

$$\phi_{yq}(s)=\frac{1}{I_y s^2+k_{dy}s+k_{py}} \tag{3.31}$$

可以看出,引入干扰补偿器时干扰到角速度输出的传递函数 $\phi_{yqc}(s)$ 与不引入干扰补偿器时的传递函数 $\phi_{yq}(s)$ 有如下关系:

$$\phi_{yqc}(s)=[1-F_r(s)]\phi_{yq}(s) \tag{3.32}$$

由式(3.32)的形式可知,在 $F_r(s)=1$ 的理想情况下, $\phi_{yqc}(s)$ 恒为零,即干扰不会对系统角速度输出造成影响。但带宽无穷大的滤波器实际中不可实现,因此在应用干扰补偿器时,合理选取滤波参数 α、β、γ 的值,对于提高姿态稳定度有着重要的作用。

3.2.6 参数变化对系统性能的影响分析

3.2.6.1 仅改变干扰补偿器参数时对系统的影响分析

选取 PD 参数 $k_{py}=0.16I_y$、$k_{dy}=0.84I_y$ 并保持不变,选取滤波器参数 $\alpha=\beta=\gamma$,且分别为 0.001、0.01、0.1、1(Hz)。

图 3.31~图 3.33 给出不引入、引入干扰补偿器以及改变滤波参数时系统开环、闭环和干扰到输出的频率特性。

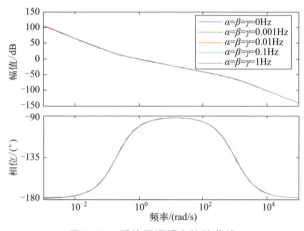

图 3.31 系统开环频率特性曲线

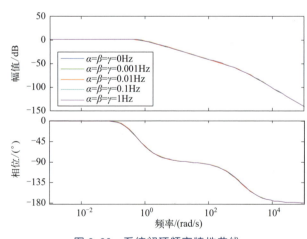

图 3.32 系统闭环频率特性曲线

从图 3.31 和图 3.32 中可以看出,引入干扰补偿器并随着滤波参数的增大,系统的开环与闭环频率响应没有变化。从图 3.33 中可以看出,引入干扰补偿器后干扰到输出的闭环幅频特性在低频段下移,并且滤波参数越大,曲线下移越明显。由

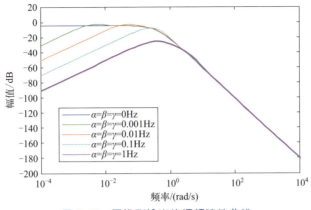

图 3.33　干扰到输出的幅频特性曲线

此可知,引入干扰补偿器并不影响系统的性能,但可以抑制干扰的影响,且滤波参数越大,对干扰影响的削弱效果越好。

3.2.6.2　仅改变 PD 控制器中比例参数时对系统的影响分析

考虑干扰补偿器中滤波器参数 α、β、γ 取 0.1Hz 时并保持不变,改变 PD 控制器中 k_{py} 的值。将 k_{py} 分别取为 $0.1 6 I_y$、$0.2 6 I_y$、$0.3 6 I_y$、$0.4 6 I_y$、$0.5 6 I_y$ 时,k_{dy} 参数不变,$k_{dy}=0.8 4 I_y$。图 3.34～图 3.36 给出系统的开环、闭环以及干扰到角速度的频率特性。由于高频段频率特性近似相同,因此截去。

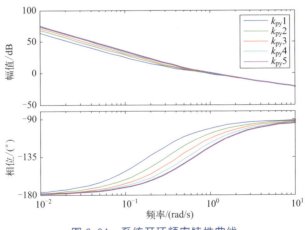

图 3.34　系统开环频率特性曲线

从图 3.34 中可以看出,在干扰补偿器参数一定时,随着 k_{py} 的增加,在低频段幅频特性有微小上移,相频特性曲线下移,因此系统稳定裕度逐渐降低。从图 3.35 中可以看出,随着 k_{py} 的增加,在低频段幅频特性有右移趋势,闭环系统的带宽逐渐增大。从图 3.36 中可以看出,在低频段某频率之前,随着 k_{py} 的增加,对干扰的抑制效果逐渐增强。

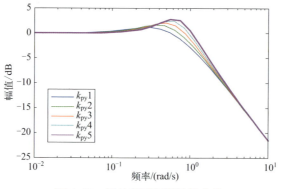

图 3.35　系统闭环幅频特性曲线

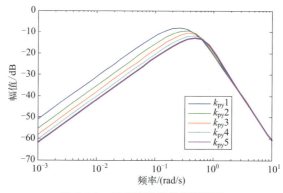

图 3.36　干扰到输出的幅频特性

通过本节的频域分析，可以得出如下结论：

① 引入干扰补偿器后并不影响系统的稳定性及闭环性能；

② 引入干扰补偿器后可以有效削弱干扰对输出产生的影响，有助于提高姿态控制精度及稳定度，而且随着滤波器参数的增大，对干扰影响的削弱效果增强；

③ 增加 PD 控制器参数 k_{py} 的值，可以一定程度地减弱干扰的影响作用，并且增加系统带宽，但不同于改变干扰补偿器的滤波参数，增加 k_{py} 的值会减小系统相角裕度，影响系统稳定性。

3.3　平台舱高动态控制方法

浮体式卫星从结构上分为平台舱和载荷舱，平台舱带有两个挠性太阳帆板，挠性帆板振动会对平台舱的姿态控制产生较大影响，因此本书中采用陷阱滤波器来削弱太阳帆板振动对平台舱姿态控制的影响。

3.3.1　高动态活动部件干扰源建模与分析

本节首先建立了高动态活动部件高扰源模型,包括反作用飞轮、制冷机和光学载荷扫描镜活动部件(以下简称摆镜),并通过仿真分析扰动对载荷舱的姿态影响,为后续补偿及高动态参数匹配提供干扰源特性输入。

3.3.1.1　反作用飞轮扰动建模

不平衡飞轮的构型如图 3.37 所示,主要由静不平衡和动不平衡组成。飞轮高速转动,其静不平衡和动不平衡质量产生的干扰力矩是主要的微振源之一。

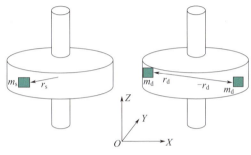

图 3.37　不平衡飞轮构型

图 3.37 中,m_s 为飞轮的静不平衡质量,其相对于飞轮形心坐标系原点的位置矢量为 r_s;m_d 为飞轮动不平衡质量,其相对于飞轮形心坐标系原点的位置矢量为 $\pm r_d$。

通过动量矩定理得到由飞轮和载荷舱组成的载荷舱系统的动量矩,在无外力干扰下系统动量矩守恒,由此可以推导出飞轮的扰动力矩为

$$U = 2m_d R h \begin{bmatrix} \Omega_y^2 \sin(\Omega_y t) - \Omega_z^2 \sin(\Omega_z t) \\ \Omega_z^2 \cos(\Omega_z t) - \Omega_x^2 \sin(\Omega_x t) \\ \Omega_x^2 \cos(\Omega_x t) + \Omega_y^2 \cos(\Omega_y t) \end{bmatrix} + m_s R \begin{bmatrix} \Omega_y^2 r_{2y} \sin(\Omega_y t) - \Omega_z^2 r_{3z} \sin(\Omega_z t) \\ \Omega_z^2 r_{3z} \cos(\Omega_z t) - \Omega_x^2 r_{1x} \sin(\Omega_x t) \\ \Omega_x^2 r_{1x} \cos(\Omega_x t) + \Omega_y^2 r_{2y} \cos(\Omega_y t) \end{bmatrix}$$

其中,Ω_x、Ω_y 和 Ω_z 分别为三轴飞轮的转速;r_{1x}、r_{2y} 和 r_{3z} 分别为三轴飞轮的安装位置坐标;R、h 分别为飞轮转子的半径及转子的厚度。可以看出,飞轮扰动力矩不仅与飞轮本身结构固有属性相关,而且与飞轮工作时的转速相关。

3.3.1.2　制冷机扰动建模

为了减小振动并达到长寿命、高可靠性的要求,制冷机中的压缩机一般采用线性驱动、活塞对称布置、板弹簧支承和间隙密闭技术。典型对称布置的压缩机主要由活塞、板弹簧、驱动线圈等组成,其动力学模型可以简化为两自由度动力学系统,如图 3.38 所示。

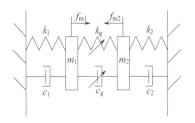

图 3.38　压缩机简化模型

系统运动方程为

$$\begin{bmatrix} m_1 & 0 \\ 0 & m_2 \end{bmatrix} \begin{bmatrix} \ddot{x}_1 \\ \ddot{x}_2 \end{bmatrix} + \begin{bmatrix} c_1+c_g & -c_g \\ -c_g & c_2+c_g \end{bmatrix} \begin{bmatrix} \dot{x}_1 \\ \dot{x}_2 \end{bmatrix} + \begin{bmatrix} k_1+k_g & -k_g \\ -k_g & k_2+k_g \end{bmatrix} \begin{bmatrix} x_1 \\ x_2 \end{bmatrix} = \begin{bmatrix} f_{m1} \\ f_{m2} \end{bmatrix}$$

(3.33)

式中，$m_i(i=1,2)$ 为活塞的质量；c_i 为阻尼系数；k_i 为活塞支承弹簧的刚度；x_i 为活塞的位移；f_{m1}、f_{m2} 为活塞的电磁驱动力；下标 1、2 为活塞的编号；下标 g 表示气体工质相关的量。

将运动方程转换到频域可以得到

$$\begin{bmatrix} -\omega^2 m_1 + j\omega(c_1+c_g)+k_1+k_g & -j\omega c_g - k_g \\ -j\omega c_g - k_g & -\omega^2 m_2 + j\omega(c_1+c_g)+k_2+k_g \end{bmatrix} \begin{bmatrix} X_1 \\ X_2 \end{bmatrix}$$
$$= \begin{bmatrix} F_1 \\ F_2 \end{bmatrix}$$

(3.34)

式中，X 和 F 分别为 x 和 f_{m1} 的傅里叶变换。活塞 1、2 固定端的反作用力分别为

$$F_{r1} = (k_1 + j\omega c_1)X_1$$
$$F_{r2} = (k_2 + j\omega c_2)X_2$$

可得压缩机整体的输出力为

$$F_{out} = F_{r1} + F_{r2}$$

(3.35)

在理想情况下，若使得 $m_1=m_2$，$k_1=k_2$，$c_1=c_2$，$f_{m1}=-f_{m2}$，则工作过程压缩机的整体振动输出为零，但在实际情况下由于存在加工制造误差、装配误差及驱动电压波动等原因，对应的量不可能完全相等，必然会存在一定的振动输出。

3.3.1.3　光学载荷扫描扰动建模

对摆镜的建模采用牛顿-欧拉法，在前向递推中，从载荷舱开始，逐步递推得到摆镜绕各轴的转动角速度，得到角速度之后进行求导得到角加速度；后向递推中，利用角速度和角加速度信息得到摆镜的动力学方程。

基准坐标系的惯性角速度用 $\boldsymbol{\omega}_B^B$ 表示

$$\boldsymbol{\omega}_B^B = \begin{bmatrix} p \\ q \\ r \end{bmatrix}$$

(3.36)

其中，p、q、r 分别为俯仰、滚转和方位角速度。

摆镜方位坐标系的惯性角速度 $\boldsymbol{\omega}_A^A$ 为

$$\boldsymbol{\omega}_A^A = \begin{bmatrix} \omega_{Ax} \\ \omega_{Ay} \\ \omega_{Az} \end{bmatrix}$$

(3.37)

摆镜俯仰坐标系的惯性角速度 $\boldsymbol{\omega}_{\mathrm{E}}^{\mathrm{E}}$ 为

$$\boldsymbol{\omega}_{\mathrm{E}}^{\mathrm{E}}=\begin{bmatrix}\omega_{\mathrm{E}x}\\ \omega_{\mathrm{E}y}\\ \omega_{\mathrm{E}z}\end{bmatrix} \tag{3.38}$$

方位坐标系相对于基准坐标系的转角为 ψ,其惯性角速度在基准坐标系下可表示为

$$\boldsymbol{\omega}_{\mathrm{A}}^{\mathrm{B}}=\boldsymbol{z}_{\mathrm{B}}\dot{\psi}+\boldsymbol{\omega}_{\mathrm{B}}^{\mathrm{B}}=\begin{bmatrix}0\\ 0\\ \dot{\psi}\end{bmatrix}+\begin{bmatrix}p\\ q\\ r\end{bmatrix}=\begin{bmatrix}p\\ q\\ \dot{\psi}+r\end{bmatrix} \tag{3.39}$$

同时

$$\boldsymbol{\omega}_{\mathrm{A}}^{\mathrm{B}}=\omega_{\mathrm{A}z}\boldsymbol{z}_{\mathrm{B}}+B_{z}\boldsymbol{\omega}_{\mathrm{B}}^{\mathrm{B}}=\begin{bmatrix}0\\ 0\\ \omega_{\mathrm{A}z}\end{bmatrix}+\begin{bmatrix}1 & 0 & 0\\ 0 & 1 & 0\\ 0 & 0 & 0\end{bmatrix}\begin{bmatrix}p\\ q\\ r\end{bmatrix}=\begin{bmatrix}p\\ q\\ \omega_{\mathrm{A}z}\end{bmatrix} \tag{3.40}$$

其中,B_{z} 表示基座扰动对方位轴惯性角速度的影响,由式(3.40)得

$$\boldsymbol{\omega}_{\mathrm{A}}^{\mathrm{A}}=\boldsymbol{R}_{\mathrm{B}}^{\mathrm{A}}\boldsymbol{\omega}_{\mathrm{A}}^{\mathrm{B}}=\begin{bmatrix}p\cos\psi-q\sin\psi\\ p\sin\psi+q\cos\psi\\ \omega_{\mathrm{A}z}\end{bmatrix}$$

因此有

$$\dot{\psi}=[\boldsymbol{\omega}_{\mathrm{A}}^{\mathrm{A}}-\boldsymbol{\omega}_{\mathrm{B}}^{\mathrm{A}}]_{z}=\omega_{\mathrm{A}z}-r \tag{3.41}$$

俯仰坐标系相对于方位坐标系的转角为 θ,其惯性角速度在方位坐标系下可表示为

$$\boldsymbol{\omega}_{\mathrm{E}}^{\mathrm{A}}=\boldsymbol{x}_{\mathrm{A}}\omega_{\mathrm{E}x}+B_{x}\boldsymbol{\omega}_{\mathrm{A}}^{\mathrm{A}}=\begin{bmatrix}\omega_{\mathrm{E}x}\\ p\sin\psi+q\cos\psi\\ \omega_{\mathrm{A}z}\end{bmatrix} \tag{3.42}$$

同样,B_{x} 表示方位轴运动对俯仰轴惯性角速度的影响,根据式(3.42)可得

$$\boldsymbol{\omega}_{\mathrm{E}}^{\mathrm{E}}=\boldsymbol{R}_{\mathrm{A}}^{\mathrm{E}}\boldsymbol{\omega}_{\mathrm{E}}^{\mathrm{A}}=\begin{bmatrix}\omega_{\mathrm{E}x}\\ \cos\theta(p\sin\psi+q\cos\psi)+\omega_{\mathrm{A}z}\sin\theta\\ -\sin\theta(p\sin\psi+q\cos\psi)+\omega_{\mathrm{A}z}\cos\theta\end{bmatrix} \tag{3.43}$$

$$\dot{\theta}=[\boldsymbol{\omega}_{\mathrm{E}}^{\mathrm{E}}-\boldsymbol{\omega}_{\mathrm{A}}^{\mathrm{E}}]_{x}=\omega_{\mathrm{E}x}-p\cos\psi+q\sin\psi$$

根据转动坐标系下矢量的求导法则,对 $\boldsymbol{\omega}_{\mathrm{A}}^{\mathrm{A}}$ 和 $\boldsymbol{\omega}_{\mathrm{E}}^{\mathrm{E}}$ 求导可得摆镜方位轴和俯仰轴加速度在各自坐标系下的表示。基准坐标系的角加速度为

$$\boldsymbol{\alpha}_{\mathrm{B}}^{\mathrm{B}}=\dot{\boldsymbol{\omega}}_{\mathrm{B}}^{\mathrm{B}}+\boldsymbol{\omega}_{\mathrm{B}}^{\mathrm{B}}\times\boldsymbol{\omega}_{\mathrm{B}}^{\mathrm{B}}=\dot{\boldsymbol{\omega}}_{\mathrm{B}}^{\mathrm{B}}$$

对 $\boldsymbol{\omega}_{\mathrm{A}}^{\mathrm{A}}$ 在自身坐标系下求导,可得摆镜方位轴的角加速度为

$$\boldsymbol{\alpha}_{A}^{A}=\boldsymbol{R}_{B}^{A}\boldsymbol{\alpha}_{A}^{B}=\boldsymbol{R}_{B}^{A}(\dot{\boldsymbol{\omega}}_{A}^{B}+\boldsymbol{\omega}_{B}^{B}\times\boldsymbol{\omega}_{A}^{A})$$

$$=\begin{bmatrix}\cos\psi(\dot{p}+q\omega_{Az}-qr)-\sin\psi(\dot{q}-p\omega_{Az}+pr)\\\sin\psi(\dot{p}+q\omega_{Az}-qr)+\cos\psi(\dot{q}-p\omega_{Az}+pr)\\\dot{\omega}_{Az}\end{bmatrix}$$

同样,对 $\boldsymbol{\omega}_{E}^{E}$ 在自身坐标系下求导,可得摆镜俯仰轴的角加速度为

$$\boldsymbol{\alpha}_{E}^{E}=\boldsymbol{R}_{A}^{E}\boldsymbol{\alpha}_{A}^{A}=\boldsymbol{R}_{A}^{E}(\dot{\boldsymbol{\omega}}_{E}^{A}+\boldsymbol{\omega}_{E}^{A}\times\boldsymbol{\omega}_{E}^{A})$$

$$=\begin{bmatrix}\dot{\omega}_{Ex}\\\cos\theta[\dot{p}\sin\psi+p\cos\psi+\dot{q}\cos\psi+\omega_{Ex}\omega_{Az}-\omega_{Az}(p\cos\psi-q\sin\psi)]+\\\sin\theta[\dot{\omega}_{Az}+(p\sin\psi+q\cos\psi)(p\cos\psi-q\sin\psi)-\omega_{Ex}(p\sin\psi+q\cos\psi)]\\-\sin\theta[\dot{p}\sin\psi+p\cos\psi+\dot{q}\cos\psi+\omega_{Ex}\omega_{Az}-\omega_{Az}(p\cos\psi-q\sin\psi)]+\\\cos\theta[\dot{\omega}_{Az}+(p\sin\psi+q\cos\psi)(p\cos\psi-q\sin\psi)-\omega_{Ex}(p\sin\psi+q\cos\psi)]\end{bmatrix}$$

在得到摆镜两轴的角速度和角加速度后,通过后向递推确定力矩,得到摆镜的动力学模型。作用于摆镜俯仰轴的力矩等于该轴角动量的导数,根据转动坐标系下矢量的求导法则,计算作用于摆镜方位轴上的总力矩为

$$\boldsymbol{T}_{E}^{E}=\boldsymbol{I}_{E}\boldsymbol{\alpha}_{E}^{E}+\boldsymbol{\omega}_{E}^{E}\times\boldsymbol{I}_{E}\boldsymbol{\omega}_{E}^{E}$$

由于俯仰轴电机的驱动力矩和摩擦力矩只作用于 Ox_{A} 轴,因此,我们只考虑力矩 $\boldsymbol{T}_{E}^{E}$ 在 x 轴方向上的分量 T_{Ex}

$$\boldsymbol{T}_{Ex}=\boldsymbol{I}_{Ex}\dot{\omega}_{Ex}+(\boldsymbol{I}_{Ez}-\boldsymbol{I}_{Ey})[\cos\theta(p\sin\psi+q\cos\psi)+\omega_{Az}\sin\theta]$$
$$\times[-\sin\theta(p\sin\psi+q\cos\psi)+\omega_{Az}\cos\theta]$$

作用于摆镜方位轴的力矩可采用相同的方法计算,除此之外,还要考虑俯仰轴对方位轴的反作用力矩

$$\boldsymbol{T}_{A}^{A}=\boldsymbol{R}_{E}^{A}\boldsymbol{T}_{E}^{E}+\boldsymbol{I}_{A}\boldsymbol{\alpha}_{A}^{A}+\boldsymbol{\omega}_{A}^{A}\times\boldsymbol{I}_{A}\boldsymbol{\omega}_{A}^{A}$$

对于摆镜的俯仰轴 x_{E},俯仰轴电机产生力矩及摩擦力矩都作用于该轴,有

$$\boldsymbol{I}_{Ex}\dot{\omega}_{Ex}=\boldsymbol{T}_{Em}-\boldsymbol{T}_{Ef}-\boldsymbol{T}_{Ed}-(\boldsymbol{I}_{Ez}-\boldsymbol{I}_{Ey})[\cos\theta(p\sin\psi+q\cos\psi)+\omega_{Az}\sin\theta]$$
$$\times[-\sin\theta(p\sin\psi+q\cos\psi)+\omega_{Az}\cos\theta]$$

其中,$\boldsymbol{T}_{Em}$ 为电机驱动力矩;$\boldsymbol{T}_{Ef}$ 为摩擦力矩;$\boldsymbol{T}_{Ed}$ 为作用于该轴的扰动力矩。同样可得到方位轴 z_{A} 的运动微分方程。

假定基座在惯性空间内静止,即 $p=q=r=0$,可得摆镜俯仰轴与方位轴的动力学方程分别为

$$\boldsymbol{I}_{Ex}\dot{\omega}_{Ex}=\boldsymbol{T}_{Em}-\boldsymbol{T}_{Ef}-\boldsymbol{T}_{Ed}-\omega_{Az}^{2}\sin\theta\cos\theta(\boldsymbol{I}_{Ez}-\boldsymbol{I}_{Ey})$$
$$(\boldsymbol{I}_{Az}+\boldsymbol{I}_{Ey}\sin^{2}\theta+\boldsymbol{I}_{Ez}\cos^{2}\theta)\dot{\omega}_{Az}$$
$$=\boldsymbol{T}_{Am}-\boldsymbol{T}_{Af}-\boldsymbol{T}_{Ad}+2(\boldsymbol{I}_{Ez}-\boldsymbol{I}_{Ey})\omega_{Ex}\omega_{Az}\sin\theta\cos\theta$$

本节主要建立了反作用飞轮、制冷机以及摆镜扫描的扰动方程,为扰动补偿提供干扰源输入。然后,通过仿真分析各个扰动对载荷舱指向精度和指向稳定度的影响。

3.3.2　结构滤波器设计方法

压缩控制回路的带宽是抑制挠性模态振荡最简易的基本方法。刚体控制回路的自然频率(控制回路增益的方根)通常应选为一阶模态频率的 1/3。如因任务需求,为获得带宽高性能的控制回路,一阶模态频率接近或落入系统带宽内,需用特定的成形滤波器兼顾带宽和稳定的要求。

增益稳定是使系统稳定在选定的增益和阻尼比的情况下,对于某些特定的引起不稳定的模态频率引入成形滤波器,降低控制回路中该频率的传递,或针对控制过程的动态振荡,增大该频率的反馈,抑制振荡,镇定模态引起的不稳定作用。

相位稳定应用于结构阻尼小、增益要求高的系统,对于某些特定频率引入成形滤波器,形成较好的主动阻尼。

因此,采用二阶成形滤波器,协调增益和相位的需求,是挠性卫星控制回路设计的有效方法,此类滤波器又称为结构滤波器。

结构滤波器传递函数的一般形式为

$$\frac{s^2/\omega_z^2 + 2\xi_z s/\omega_z + 1}{s^2/\omega_p^2 + 2\xi_p s/\omega_p + 1} \tag{3.44}$$

它的零点、极点频率为 ω_z、ω_p,阻尼比为 ξ_z、ξ_p。选择不同的零点和极点的配置,构成各种特色的结构滤波器,如超前、带通、陷阱谐振。因阻尼比都为正值,上述各类滤波器又统称为最小相位滤波器。如 ξ_z 选为负值,则称为非最小相位滤波器。

本节中,平台舱的姿态控制采用陷阱滤波器加 PD 控制的方法,削弱挠性帆板振动对平台舱姿态控制的影响。

3.3.3　陷阱滤波器设计方法

Linear analysis 是 MATLAB/Simulink 中非常方便实用的频域分析工具,利用它能方便地分析系统的频域性能,它的工作原理类似黑箱,只要输入一个激励,就可以给出系统的频域图,进而分析系统的性能。本书在设计陷阱滤波器时,采用 Linear analysis 工具进行系统频域分析。

下面以平台舱滚转轴为例,详细介绍陷阱滤波器的设计方法。

考虑太阳帆板对平台舱的影响,且帆板相对平台舱无转动,平台舱的姿态动力学模型如下:

$$\begin{cases} \boldsymbol{I}_\mathrm{s}\dot{\boldsymbol{\omega}}_\mathrm{s} + \boldsymbol{\omega}^\times \boldsymbol{I}_\mathrm{s}\boldsymbol{\omega}_\mathrm{s} + \sum_i (\boldsymbol{F}_{is}^\mathrm{s}\ddot{\boldsymbol{\eta}}_i^\mathrm{s} + \boldsymbol{\omega}^\times \boldsymbol{F}_{is}^\mathrm{s}\dot{\boldsymbol{\eta}}_i^\mathrm{s}) = \boldsymbol{T}_\mathrm{cs} + \boldsymbol{T}_\mathrm{ds} + \boldsymbol{T}_\mathrm{cps} \\ \ddot{\boldsymbol{\eta}}_i^\mathrm{s} + 2\boldsymbol{\xi}_i^\mathrm{s}\boldsymbol{\Omega}_i^\mathrm{s}\dot{\boldsymbol{\eta}}_i^\mathrm{s} + \boldsymbol{\Omega}_i^{\mathrm{s}2}\boldsymbol{\eta}_i^\mathrm{s} + \boldsymbol{F}_{is}^{\mathrm{sT}}\dot{\boldsymbol{\omega}}_\mathrm{s} = 0 \end{cases} \tag{3.45}$$

其中，$\boldsymbol{I}_\mathrm{s}$ 为平台舱的转动惯量；$\boldsymbol{\omega}_\mathrm{s}$ 为平台舱的角速度；$\boldsymbol{T}_\mathrm{cs}$ 为平台舱的控制力矩；$\boldsymbol{T}_\mathrm{ds}$ 为平台舱受到的环境干扰力矩；$\boldsymbol{T}_\mathrm{cps}$ 为载荷舱姿态控制力矩对平台舱产生的干扰力矩；$\boldsymbol{\eta}_i^\mathrm{s}$ 为帆板的模态坐标；$\boldsymbol{F}_{is}^\mathrm{s}$ 为帆板振动对平台舱相对平台舱本体系的耦合系数矩阵；$\boldsymbol{\Omega}_i^\mathrm{s}$ 为帆板的模态振型频率；$\boldsymbol{\xi}_i^\mathrm{s}$ 为帆板的挠性模态阻尼。

当采用小角度假设，去掉耦合项后，上述模型可以化简为下面的形式：

$$\begin{cases} \boldsymbol{I}_\mathrm{s}\ddot{\boldsymbol{\Theta}} + \sum_i \boldsymbol{F}_{is}^\mathrm{s}\ddot{\boldsymbol{\eta}}_i = \boldsymbol{T} \\ \ddot{\boldsymbol{\eta}}_i + 2\boldsymbol{\xi}_i\boldsymbol{\Omega}_i\dot{\boldsymbol{\eta}}_i + \boldsymbol{\Omega}_i^2\boldsymbol{\eta}_i + \boldsymbol{F}_{is}^{\mathrm{sT}}\ddot{\boldsymbol{\Theta}} = 0 \end{cases} \tag{3.46}$$

式中，$\boldsymbol{\Theta}$ 表示三轴姿态角；$\boldsymbol{T}$ 为作用在平台舱上力矩的总和。

为便于分析，取单一附件并以滚转角 φ 为例进行说明，用 j 表示第 j 阶模态，写成频域形式有

$$\begin{cases} I_\mathrm{x}s^2\varphi + \sum_j F_{js}^\mathrm{s}s^2\eta_j = T_\mathrm{x} \\ s^2\eta_j + 2\xi_j\Omega_j s\eta_j + \Omega_j^2\eta_j + F_{js}^\mathrm{s}s^2\varphi = 0 \end{cases} \tag{3.47}$$

通过模态方程导出模态坐标 η_j 与姿态角 φ 的关系，代入姿态方程中消去模态量得

$$I_\mathrm{x}s^2\varphi(s) + \sum_j \frac{-F_{sj}^{\mathrm{s}2}s^2\varphi(s)}{s^2 + 2\xi_j\Omega_j s + \Omega_j^2}s^2 = T_\mathrm{x}(s) \tag{3.48}$$

进而得到力矩与姿态之间的传递函数关系。记 $k_j = F_{js}^{\mathrm{s}2}/I_\mathrm{x}$ 称为模态增益。根据式(3.48)可以画出简化的卫星滚转通道姿态控制方框图，如图 3.39 所示，I_x 表示滚转轴的转动惯量，$W(s)$ 是执行机构的动力学模型，平台舱所用的执行机构为飞轮。

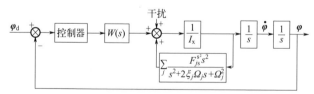

图 3.39　平台舱滚转轴简化模型

首先，考虑挠性帆板影响，画出平台舱的滚转轴的频率特性曲线；然后，找出幅频特性曲线中挠性影响部分的峰值点，从图 3.40 中可以看出该峰值点为(5.37，8.24)；接着，设计 $\omega_\mathrm{p} = \omega_\mathrm{z} = 5.37$，同时要使极点阻尼 ξ_p 大于零点阻尼 ξ_z，且 $\xi_\mathrm{z} \ll 1$，

不妨取 $\xi_p=1,\xi_z=0$，陷阱滤波器初步形成；最后，画出加了陷阱滤波器的滚转轴的频率特性曲线，如图 3.41 所示。可以看出，加入陷阱滤波器后，挠性帆板影响的幅频特性曲线峰值点明显下陷，而且相角裕度也满足稳定要求，不需要加校正环节，至此平台舱滚转轴的陷阱滤波器设计完成。

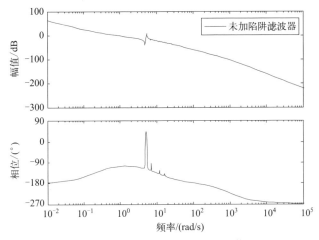

图 3.40　平台舱滚转通道的频率特性曲线（一）

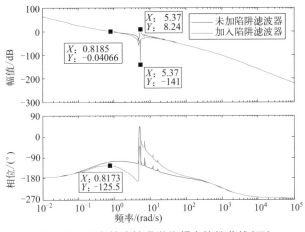

图 3.41　平台舱滚转通道的频率特性曲线（二）

俯仰轴与偏航轴的陷阱滤波器与滚转轴的设计方法类似，这里就不再重复介绍了。

本节中，针对平台舱设计的陷阱滤波器介绍如下。

滚转轴陷阱滤波器：

$$\frac{s^2+28.8369}{s^2+10.74s+28.8369} \tag{3.49}$$

俯仰轴陷阱滤波器：

$$\frac{s^2+24.01}{s^2+9.8s+24.01} \tag{3.50}$$

偏航轴陷阱滤波器：

$$\frac{s^2+24.01}{s^2+9.8s+24.01} \tag{3.51}$$

3.3.4 高动态活动部件干扰补偿技术路线研究

本节针对高动态活动部件干扰特性,研究综合星敏、陀螺、波前误差测量、角位移传感器、加速度计等多种测量手段的多源信息融合及组合定姿方法,完成高动态基准姿态基准测量;针对浮体式敏捷卫星平台的控制特性,研究在载荷舱快控、平台舱慢控情况下的控制参数匹配性,以及载荷舱姿态控制力矩与相对位置控制力的匹配性,论证基于磁浮机构的高动态参数匹配控制可行性。

3.3.4.1 控制参数匹配性研究

卫星控制模式如图 3.42 所示,载荷舱根据任务需要改变姿态,平台舱跟踪载荷舱姿态的变化。给出磁浮机构不同带宽控制下,载荷舱和平台舱的相关仿真曲线图,从而得到匹配的控制参数。

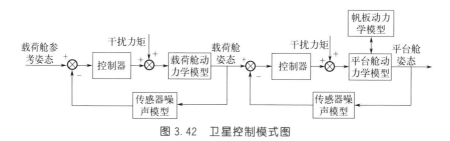

图 3.42 卫星控制模式图

(1)磁浮机构的控制带宽为 0.1Hz

磁浮机构的控制参数为

$$K_p=3.9478\times\begin{bmatrix}1&0&0\\0&1&0\\0&0&1\end{bmatrix},K_d=8.8844\times\begin{bmatrix}1&0&0\\0&1&0\\0&0&1\end{bmatrix}$$

仿真曲线如图 3.43~图 3.48 所示。

从仿真曲线可以看出,载荷舱在 10s 时基本达到稳定状态,指向精度为 $8\times10^{-3}(°)$,指向稳定度为 $8\times10^{-3}°/s$。平台舱达到稳定状态则在 15s 左右,指向精度为 $8\times10^{-3}(°)$,指向稳定度为 $8\times10^{-3}°/s$。载荷舱的指向精度和指向稳定度并没有得到有效的提高,而是和平台舱处于一个量级。

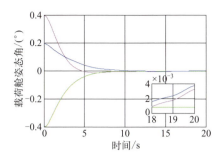

图 3.43　载荷舱姿态角变化曲线(一)

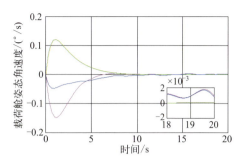

图 3.44　载荷舱姿态角速度变化曲线(一)

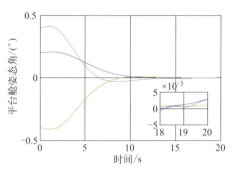

图 3.45　平台舱姿态角变化曲线(一)

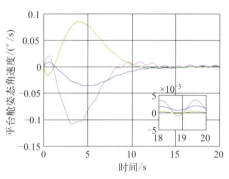

图 3.46　平台舱姿态角速度变化曲线(一)

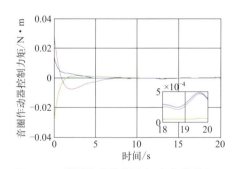

图 3.47　磁浮机构控制力矩变化曲线(一)

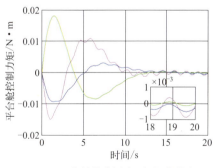

图 3.48　平台舱控制力矩变化曲线(一)

(2)磁浮机构的控制带宽为 1Hz

磁浮机构的控制参数为

$$K_{p} = 394.78 \times \begin{bmatrix} 1 & 0 & 0 \\ 0 & 1 & 0 \\ 0 & 0 & 1 \end{bmatrix}, K_{d} = 88.844 \times \begin{bmatrix} 1 & 0 & 0 \\ 0 & 1 & 0 \\ 0 & 0 & 1 \end{bmatrix}$$

仿真曲线如图 3.49～图 3.54 所示。

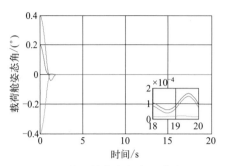

图 3.49   载荷舱姿态角变化曲线(二)

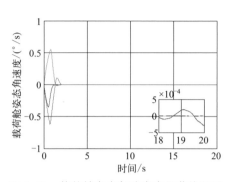

图 3.50   载荷舱姿态角速度变化曲线(二)

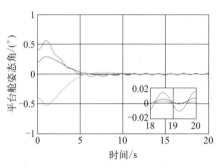

图 3.51   平台舱姿态角变化曲线(二)

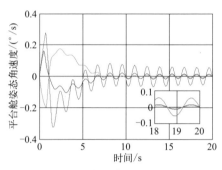

图 3.52   平台舱姿态角速度变化曲线(二)

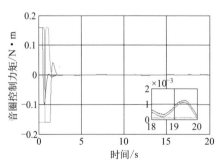

图 3.53   磁浮机构控制力矩变化曲线(二)

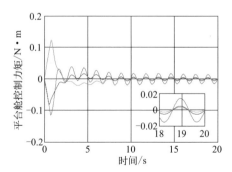

图 3.54   平台舱控制力矩变化曲线(二)

从仿真曲线可以看出,载荷舱在 2s 时基本达到稳定状态,载荷舱稳定时间大大提高。指向精度为 $4×10^{-4}(°)$,指向稳定度为 $6×10^{-4}°/s$。平台舱达到稳定状态则在 10s 左右,指向精度为 $4×10^{-2}(°)$,指向稳定度为 $0.12°/s$。载荷舱的指向精度和指向稳定度明显提高,载荷舱指向精度相比于控制带宽为 0.1Hz 时提高 95%,载荷舱指向稳定度相比于控制带宽为 0.1Hz 时提高 92.5%。但是平台舱的指向精度和指向稳定度明显下降。

(3)磁浮机构的控制带宽为 10Hz

磁浮机构的控制参数为

$$K_p = 3947.8 \times \begin{bmatrix} 1 & 0 & 0 \\ 0 & 1 & 0 \\ 0 & 0 & 1 \end{bmatrix}, K_d = 88.844 \times \begin{bmatrix} 1 & 0 & 0 \\ 0 & 1 & 0 \\ 0 & 0 & 1 \end{bmatrix}$$

仿真曲线如图 3.55~图 3.60 所示。

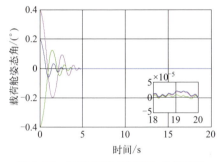

图 3.55　载荷舱姿态角变化曲线(三)

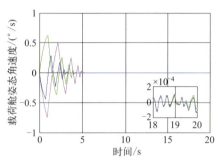

图 3.56　载荷舱姿态角速度变化曲线(三)

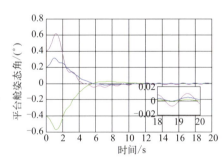

图 3.57　平台舱姿态角变化曲线(三)

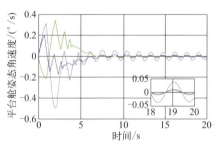

图 3.58　平台舱姿态角速度变化曲线(三)

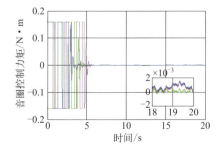

图 3.59　磁浮机构控制力矩变化曲线(三)

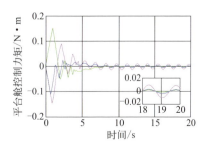

图 3.60　平台舱控制力矩变化曲线(三)

从仿真曲线可以看出,载荷舱在 5s 时基本达到稳定状态,稳定时间高于 0.1Hz 控制带宽,低于 1Hz 控制带宽。指向精度为 $5\times10^{-5}(°)$,指向稳定度为 $2\times10^{-4}°/s$。平台舱达到稳定状态则在 12s 左右,指向精度为 $2\times10^{-2}(°)$,指向稳定度为 $0.08°/s$。载荷舱的指向精度和指向稳定度进一步提高,相比于 0.1Hz 指向精度提高 99.4%,指向稳定度提高 97.5%。而且平台舱的指向精度和指向稳定度有所提高。但是载荷舱的稳定时间增加,这是因为磁浮机构输出力矩有限,长时间饱和。

三组仿真的结果总结如表 3.3 所示。

表 3.3   不同控制带宽下仿真结果

控制带宽/Hz	载荷舱稳定时间/s	载荷舱指向精度/(°)	载荷舱指向稳定度/(°/s)	平台舱指向精度/(°)	平台舱指向稳定度/(°/s)
0.1	10	8×10^{-3}	8×10^{-3}	8×10^{-3}	8×10^{-3}
1	2	4×10^{-4}	6×10^{-4}	4×10^{-2}	0.12
10	5	5×10^{-5}	2×10^{-4}	2×10^{-2}	0.08

从上面三组仿真结果可以看出,当磁浮机构的控制带宽为 0.1Hz 时载荷舱稳定时间长,而且载荷舱指向精度和指向稳定度基本没有改善,这种情况下控制参数匹配性不好。当磁浮机构的控制带宽为 1Hz 时载荷舱稳定时间减少为 2s,满足载荷舱的敏捷性要求,而且载荷舱指向精度和指向稳定度大大提高,这种情况下控制参数匹配性非常好。当磁浮机构的控制带宽为 10Hz 时载荷舱稳定时间为 5s,敏捷性不是很好,虽然载荷舱指向精度和指向稳定度大大提高,但是磁浮机构长时间饱和,这种情况下控制参数匹配性不是很好。

3.3.4.2   载荷舱姿态控制力矩与相对位置控制力的匹配性研究

在浮体式敏捷卫星机动或者处于稳定状态时,都需要磁浮机构对载荷舱进行控制,但是每个磁浮机构的输出力有限,因此载荷舱机动时不能角度过大。载荷舱机动角度过大一方面磁浮机构输出不足造成长时间工作饱和,另一方面会造成载荷舱与平台舱的碰撞。本小节给出载荷舱机动时,平台舱与载荷舱之间的角度偏差曲线以及磁浮机构输出力曲线,同时保持载荷舱和平台舱之间的距离为恒定值 $[0 \quad 0 \quad -0.03]$ m。

假设每个磁浮机构的最大输出力为 0.2N,可以得到不同情况下的仿真结果曲线,磁浮机构布局如图 3.61 所示。

根据磁浮机构布局图可以得到磁浮机构对载荷舱产生的合力与合力矩满足如下关系:

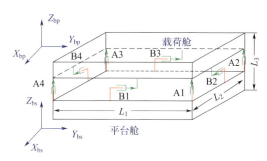

图 3.61　磁浮机构布局图

$$\boldsymbol{u}_r=\begin{bmatrix}F_x\\F_y\\F_z\\T_x\\T_y\\T_z\end{bmatrix}=\begin{bmatrix}0&0&1&0&0&0&1&0\\1&0&0&0&1&0&0&0\\0&1&0&1&0&1&0&1\\L_3&\dfrac{L_1}{2}&0&\dfrac{L_1}{2}&L_3&-\dfrac{L_1}{2}&0&-\dfrac{L_1}{2}\\0&-\dfrac{L_2}{2}&-L_3&\dfrac{L_2}{2}&0&\dfrac{L_2}{2}&-L_3&-\dfrac{L_2}{2}\\\dfrac{L_2}{2}&0&-\dfrac{L_1}{2}&0&-\dfrac{L_2}{2}&0&\dfrac{L_1}{2}&0\end{bmatrix}\begin{bmatrix}F_{B1}\\F_{A1}\\F_{B2}\\F_{A2}\\F_{B3}\\F_{A3}\\F_{B4}\\F_{A4}\end{bmatrix}=\boldsymbol{A}\begin{bmatrix}F_{B1}\\F_{A1}\\F_{B2}\\F_{A2}\\F_{B3}\\F_{A3}\\F_{B4}\\F_{A4}\end{bmatrix}$$

相对位置控制执行器为磁浮机构，相对位置控制器参数为 $K_p=9.8696$
$\begin{bmatrix}1&0&0\\0&1&0\\0&0&1\end{bmatrix}$，$K_d=4.4422\begin{bmatrix}1&0&0\\0&1&0\\0&0&1\end{bmatrix}$。下面将针对载荷舱和平台舱具有初始偏差角
或初始偏差角速度进行仿真分析。

情况 1：仿真结果图如图 3.62～图 3.72 所示。

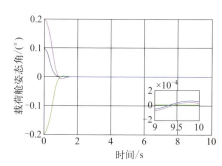

图 3.62　载荷舱姿态角变化曲线（一）

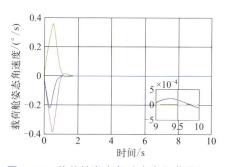

图 3.63　载荷舱姿态角速度变化曲线（一）

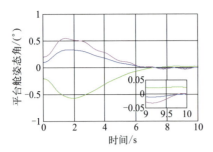

图 3.64　平台舱姿态角变化曲线(一)

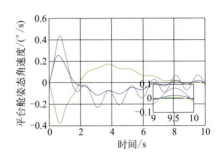

图 3.65　平台舱姿态角速度变化曲线(一)

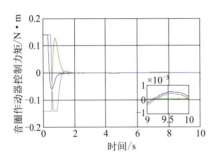

图 3.66　磁浮机构控制力矩变化曲线(一)

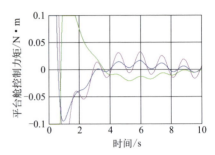

图 3.67　平台舱控制力矩化曲线(一)

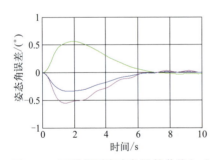

图 3.68　两舱相对姿态角误差曲线(一)

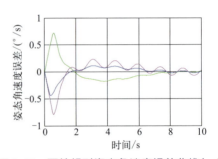

图 3.69　两舱相对姿态角速度误差曲线(一)

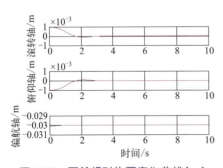

图 3.70　两舱相对位置变化曲线(一)

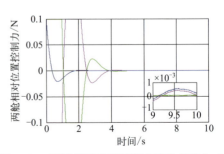

图 3.71　两舱相对位置控制力变化曲线(一)

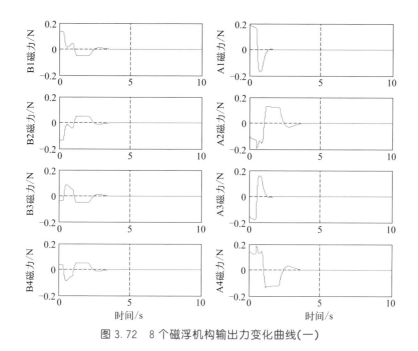

图 3.72　8 个磁浮机构输出力变化曲线(一)

从仿真曲线可以看出,平台舱与载荷舱之间姿态角误差最大为 0.7(°)(这时没有碰撞),姿态角速度误差最大为 0.8°/s。稳定后姿态角误差稳定在 0.04(°),姿态角速度误差稳定在 0.06°/s,这是由于帆板扰动引起的平台舱扰动误差。8 个磁浮机构中 A1 在饱和 1s 后恢复正常,其余均无饱和现象发生。两舱之间相对位置变化很小,即使有初始位置偏差,也能很快修正。

情况 2:仿真结果图如图 3.73～图 3.83 所示。

从仿真曲线可以看出,姿态角误差最大为 0.14(°)(这时没有碰撞),姿态角速度误差最大为 0.18°/s。稳定后姿态角误差稳定在 0.02(°),姿态角速度误差稳定在 0.02°/s,这是由于帆板扰动引起的平台舱扰动误差。8 个磁浮机构中 A2 和 A4 在饱

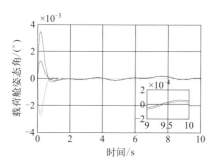

图 3.73　载荷舱姿态角变化曲线(二)

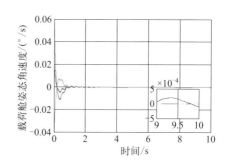

图 3.74　载荷舱姿态角速度变化曲线(二)

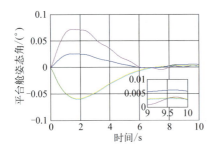

图 3.75　平台舱姿态角变化曲线(二)

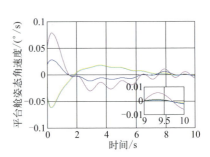

图 3.76　平台舱姿态角速度变化曲线(二)

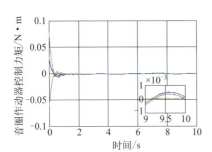

图 3.77　磁浮机构控制力矩变化曲线(二)

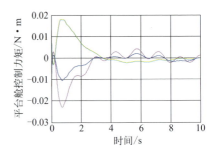

图 3.78　平台舱控制力矩变化曲线(二)

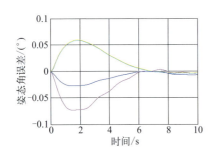

图 3.79　两舱相对姿态角误差曲线(二)

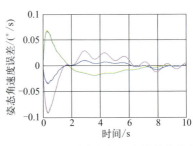

图 3.80　两舱相对姿态角速度误差曲线(二)

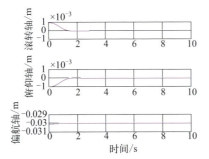

图 3.81　两舱相对位置变化曲线(二)

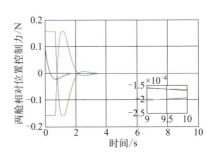

图 3.82　两舱相对位置控制力变化曲线(二)

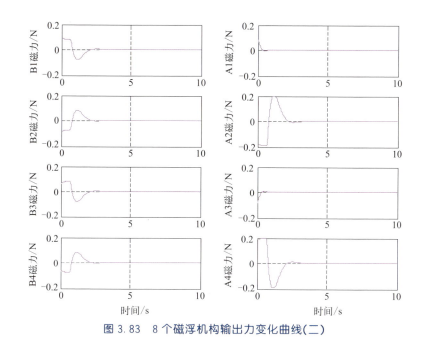

图 3.83　8 个磁浮机构输出力变化曲线(二)

和 1s 后恢复正常,其余均无饱和现象发生。两舱之间相对位置变化很小,即使有初始位置偏差,也能很快修正。

3.4　两舱协同解耦控制方法

3.4.1　两舱碰撞规避控制方法

3.4.1.1　两舱相对位置避碰控制方案设计

浮体式卫星两舱相对位置的协同控制,是为了防止由于外界干扰引起的两舱质心相对位置变化导致的碰撞。两舱相对位置控制执行器为磁浮机构。两舱相对位置控制的目的是保证两舱不碰撞,因而对控制精度的要求相对较低。巧妙利用隔离区间隙非线性,可以大幅降低相对位置控制的频次,从而使磁浮机构专注于载荷舱高精度姿态控制。

根据任务要求,载荷舱与平台舱之间共有 8 个对称分布的非接触磁浮机构,通过这 8 个非接触磁浮机构实现载荷舱姿态控制和两舱相对位置控制。图 3.84 为本书中所考虑的非接触磁浮机构分布图。

图 3.84 中,8 个磁浮机构 A1、A2、A3、A4、B1、B2、B3、B4 对称布置。由这八

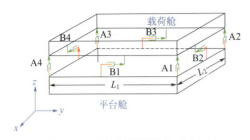

图 3.84　非接触磁浮机构分布图

自由度磁浮机构完成载荷 6 个自由度的运动,其力的方向假设如图中箭头所示。根据图 3.84 的分布图可以看出 8 个磁浮机构沿三轴方向或平行安装或正交安装,在这种安装结构下,合理配置磁浮机构产生力的大小,能够实现载荷舱姿态和两舱之间的相对位置控制力是解耦的,不会对载荷舱"超精超稳"控制产生影响。同时,八自由度磁浮机构系统易实现、有冗余、高可靠。

定义载荷舱本体坐标系为 $Ox_py_pz_p$,平台舱本体坐标系为 $Ox_sy_sz_s$,从图 3.84 可以看出,磁浮机构的线圈是安装在平台舱上的,磁浮机构的磁钢是安装在载荷舱上的。由于磁浮机构数量的增多,使得相对位置控制方法变得更加复杂,因此为了更加直观地表明避碰逻辑,在两舱相对位置控制方法设计之前,本节做出如下假设:

① 不考虑磁浮机构线圈的直径,即将其视为一条刚性的线;

② 两舱姿态控制是两舱本体系相对于惯性系的;

③ 磁浮机构 A1～A4 的线圈与 z_s 轴平行,磁浮机构 B1 和 B3 的线圈与 y_s 轴平行,磁浮机构 B2 和 B4 的线圈与 x_s 轴平行;

④ 磁浮机构 A1～A4 的磁钢中轴线与 z_p 轴平行,磁浮机构 B1 和 B3 的磁钢中轴线与 y_p 轴平行,磁浮机构 B2 和 B4 的磁钢中轴线与 x_p 轴平行;

⑤ 磁浮机构产生的磁力是沿载荷舱体坐标系三轴的方向,且磁力输出值具有一定误差,即噪声偏差。

3.4.1.2　预判点的选取及坐标计算

两舱的相对位置控制主要的目的就是避免由于外界干扰引起的两舱质心相对位置变化导致的碰撞。因此,为了实现两舱的避碰,本节根据隔离区间隙非线性的特点设计相应避碰判断逻辑,并设计相对位置控制方案。在进行避碰逻辑设计之前,首先需要确定在逻辑判断过程需要确定可能产生碰撞的危险点,将该危险点定义为预判点。根据 3.4.1.1 节中设假设①,我们将磁浮机构线圈看作一条直线,则线圈伸入磁钢时,线圈的顶点与磁钢内壁的距离是最小的,是最易发生碰撞的危险点,因此可知线圈的顶点即为本节所定义的预判点。

(1)预判点的选取

由图 3.84 可以看出,浮体式卫星采用 4 对 8 足的磁浮机构,根据预判点的定义,8 个磁浮机构的线圈顶点均应为预判点,但由于每一对磁浮机构正交或平行放置,我们可以对预判点的个数进行简化,下面给出预判点的选取过程。

图 3.85 为浮体式卫星截面平动示意图(一),从图(a)可以看出,磁浮机构 A1 和 A4 线圈的轴向方向(z 方向)的运动,与磁浮机构 B1 的径向方向(z 方向)的运动情况一致;从图(b)可以看出,磁浮机构 B1 的轴向方向(y 方向)的运动,与磁浮机构 B2 和 B4 线圈的径向方向(y 方向)的运动情况是一致的。

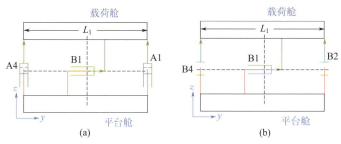

图 3.85　浮体式卫星截面平动示意图(一)

图 3.86 为浮体式卫星截面平动示意图(二),从图(a)可以看出,磁浮机构 A1 和 A2 线圈的轴向方向(z 方向)的运动,与磁浮机构 B2 的径向方向(z 方向)的运动情况一致;从图(b)可以看出,磁浮机构 B2 轴向方向(x 方向)的运动,与磁浮机构 B1 和 B3 线圈的径向方向(x 方向)的运动情况一致。

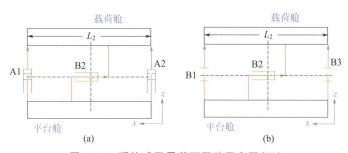

图 3.86　浮体式卫星截面平动示意图(二)

图 3.87 为浮体式卫星截面转动示意图,当平台舱沿 x 方向与载荷舱存在一个相对姿态角 φ 时,从图(a)可以看出,磁浮机构 B2 和 B4 线圈的径向方向(z 方向)

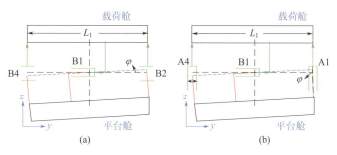

图 3.87　浮体式卫星截面转动示意图

的运动,与磁浮机构 B1 的径向方向(z 方向)的运动情况一致;从图(b)可以看出,磁浮机构 B1 的轴向方向(y 方向)的运动,与磁浮机构 A1 和 A4 线圈的径向方向(y 方向)的运动情况是一致的。

根据图 3.85~图 3.87 可知,正是由于磁浮机构这种正交或平行安装的结构特点,使得各磁浮机构的线圈轴向与径向方向的运动存在着相互约束,因此根据这一约束关系,我们可以将预判点轴向方向的运动作为逻辑判断的基准。根据磁浮机构线圈轴向运动的情况,可以将磁浮机构分成如下三组:

x 轴方向:B2、B4;

y 轴方向:B1、B3;

z 轴方向:A1、A2、A3、A4。

根据上述分组,每个方向仅需选取一个磁浮机构来代表该方向的轴向运动,因此最终可将预判点简化为 3 个,如下:

x 轴方向:B2;

y 轴方向:B1;

z 轴方向:A1。

在进行避碰逻辑判断时,我们仅需对上述 3 个磁浮机构轴向方向的碰撞情况进行判断,这样就将 8 个磁浮机构三维逻辑判断问题转化为 3 个磁浮机构轴向避碰逻辑判断问题,实现了判断逻辑上的简化。

(2)预判点的坐标计算

考虑到磁钢安装在载荷舱上,而且磁浮机构产生的控制力是沿着载荷舱本体坐标系的,因此采用载荷舱体坐标系 $O_p x_p y_p z_p$ 作为逻辑判断和相对位置控制力施加的基准坐标系,本节的主要目的就是为了计算出预判点在 $O_p x_p y_p z_p$ 系上的坐标,下面给出预判点坐标的计算过程。

① 计算两舱质心的相对距离矢量。本节所考虑的相关坐标系的示意图如图 3.88 所示。

图 3.88 中,O_i 表示地心惯性系的原点,O_p 表示载荷舱本体系的原点,O_s 表示平台舱本体系的原点;r_p 表示载荷舱质心的地心位置矢量,r_s 表示平台舱质心的地心位置矢量。根据卫星的轨道动力学方程,可以解算出 r_p 和 r_s,将两个矢量做差可以得到两舱质心在惯性坐标系下的距离矢量:

$$r_{sp} = r_s - r_p \tag{3.52}$$

② 计算线圈顶点在地心惯性坐标系中的坐标。确定预判点的坐标还需要知道两舱的其他参数,浮体式卫星示意图如图 3.89 所示。

图 3.89 中,设沿 z 轴正方向的端面为上表面,沿 z 轴负方向的端面为下表面;r_p 为载荷舱下表面与载荷舱质心间的距离,r_s 为平台舱上表面与平台舱质心间的

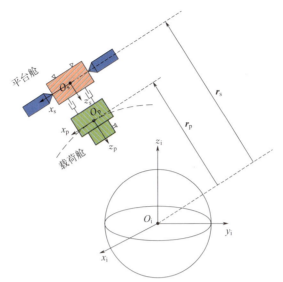

图 3.88　惯性系与两舱体坐标系示意图

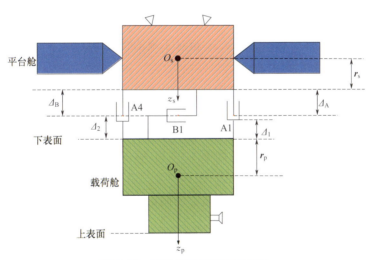

图 3.89　浮体式卫星结构示意图

距离,Δ_A 为磁浮机构 A1～A4 的线圈顶点到平台舱上表面的距离,Δ_B 为磁浮机构 B1～B4 的线圈顶点到平台舱上表面的距离,Δ_1 为磁浮机构 A1～A4 的底面到载荷舱下表面的距离,Δ_2 为磁浮机构 B1～B4 的磁钢的中轴线到载荷舱下表面的距离。

　　图中红色的点为线圈顶点,本小节的目的就是确定各线圈顶点在 $O_p x_p y_p z_p$ 系内的坐标。由于线圈是与平台舱固连在一起的,且平台舱质心为 $O_s x_s y_s z_s$ 系的原点,因此由图 3.84 和图 3.89 可以得到 8 个磁浮机构的线圈顶点与平台舱质心

间距离在 $O_s x_s y_s z_s$ 系的坐标下的距离矢量为

$$r_{s\_A1} = \left[\frac{L_2}{2}, \frac{L_1}{2}, r_s + \Delta_A\right]^T \qquad r_{s\_B1} = \left[\frac{L_2}{2}, 0, r_s + \Delta_B\right]^T$$

$$r_{s\_A2} = \left[-\frac{L_2}{2}, \frac{L_1}{2}, r_s + \Delta_A\right]^T \qquad r_{s\_B2} = \left[0, \frac{L_1}{2}, r_s + \Delta_B\right]^T$$

$$r_{s\_A3} = \left[-\frac{L_2}{2}, -\frac{L_1}{2}, r_s + \Delta_A\right]^T \qquad r_{s\_B3} = \left[-\frac{L_2}{2}, 0, r_s + \Delta_B\right]^T \qquad (3.53)$$

$$r_{s\_A4} = \left[\frac{L_2}{2}, -\frac{L_1}{2}, r_s + \Delta_A\right]^T \qquad r_{s\_B4} = \left[0, -\frac{L_1}{2}, r_s + \Delta_B\right]^T$$

设载荷舱的姿态角为 $[\varphi_p, \theta_p, \psi_p]^T$，平台舱的姿态角为 $[\varphi_s, \theta_s, \psi_s]^T$，$\varphi$、$\theta$ 和 ψ 分别表示滚动角、俯仰角和偏航角。利用平台舱的姿态角，可得 8 个磁浮机构的线圈顶点与平台舱质心间距离在地心惯性坐标系下的距离矢量为

$$r_{i\_A1} = T_{si}^T r_{s\_A1} \qquad r_{i\_B1} = T_{si}^T r_{s\_B1}$$

$$r_{i\_A2} = T_{si}^T r_{s\_A2} \qquad r_{i\_B2} = T_{si}^T r_{s\_B2}$$

$$r_{i\_A3} = T_{si}^T r_{s\_A3} \qquad r_{i\_B3} = T_{si}^T r_{s\_B3} \qquad (3.54)$$

$$r_{i\_A4} = T_{si}^T r_{s\_A4} \qquad r_{i\_B4} = T_{si}^T r_{s\_B4}$$

其中，T_{si} 为平台舱体坐标系 $O_s x_s y_s z_s$ 相对于地心惯性系 $O_i x_i y_i z_i$ 的方向余弦矩阵，由平台舱的姿态角确定。

③ 计算 8 个线圈顶点与载荷舱质心的距离矢量。由于 8 个线圈顶点与载荷舱质心的距离矢量计算原理相同，下面仅以磁浮机构 A1 进行该部分的介绍。两舱质心与 A1 线圈顶点在惯性系下的空间示意图如图 3.90 所示。

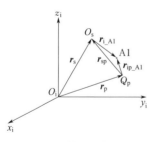

如图 3.90 所示，图中红点即为磁浮机构 A1 的线圈顶点，根据向量关系，则磁浮机构 A1 的线圈顶点与载荷舱质心之间的距离在地心惯性系下的距离矢量 r_{ip_A1} 为

$$r_{ip\_A1} = r_{sp} + r_{i\_A1} \qquad (3.55)$$

图 3.90 两舱质心与预判点在惯性系下的关系

④ 计算线圈顶点在载荷舱体坐标系中的坐标。避碰逻辑判断的是预判点与载荷舱磁钢的相对位置，由于磁钢是与载荷舱固连的，因此需要将线圈顶点与载荷舱质心之间的距离投影到载荷舱体坐标系中，同样以磁浮机构 A1 为例进行介绍。

参考式(3.54)，根据载荷舱的姿态角，r_{ip_A1} 在载体舱体坐标系 $O_p x_p y_p z_p$ 投影 r_{p_A1} 为

$$r_{p\_A1} = T_{pi} r_{ip\_A1} \qquad (3.56)$$

通过式(3.56)的坐标变换过程,能够获得磁浮机构 A1 的线圈顶点在载荷舱体坐标系 $O_p x_p y_p z_p$ 中的距离矢量 $\boldsymbol{r}_{p\_A1}$,由于载荷舱的质心为 $O_p x_p y_p z_p$ 系的坐标原点,所以 A1 线圈顶点在 $O_p x_p y_p z_p$ 内的坐标与 $\boldsymbol{r}_{p\_A1}$ 数值上相等,由此得到了 A1 线圈顶点在 $O_p x_p y_p z_p$ 系中的坐标。其余磁浮机构的线圈顶点在载荷舱体坐标系中的坐标计算原理与磁浮机构 A1 相同。

⑤ 确定预判点的坐标。式(3.56)给出了磁浮机构 A1 线圈顶点在 $O_p x_p y_p z_p$ 内的坐标,选定的预判点为 A1、B1 和 B2,B1 和 B2 线圈顶点在 $O_p x_p y_p z_p$ 系中坐标计算原理与 A1 的相同。根据式(3.56)可得预判点 B1 和 B2 在 $O_p x_p y_p z_p$ 系投影为

$$\boldsymbol{r}_{p\_B1} = \boldsymbol{T}_{pi} \boldsymbol{r}_{ip\_B1} \tag{3.57}$$

$$\boldsymbol{r}_{p\_B2} = \boldsymbol{T}_{pi} \boldsymbol{r}_{ip\_B2} \tag{3.58}$$

同样地,由于载荷舱的质心为 $O_p x_p y_p z_p$ 系的坐标原点,所以 B1 和 B2 线圈顶点在 $O_p x_p y_p z_p$ 内的坐标与 $\boldsymbol{r}_{p\_B1}$ 和 $\boldsymbol{r}_{p\_B2}$ 数值上相等。由此得到式(3.56)～式(3.58)即为预判点的坐标计算结果。

3.4.1.3　避碰逻辑判断及说明

(1)允许域的说明

相对位置控制取决于判断预判点是否与载荷舱的磁钢产生了相互碰撞,为了避免线圈与磁钢过于接近,需要对磁钢设定一个线圈允许运动的范围,将其定义为允许域。书中设定一个允许域用于避碰逻辑的判断,以下将对设定的允许域进行说明。

根据磁浮机构示意图 3.91 可以看出磁浮机构磁钢到线圈径向方向距离为 Δ,这个距离对于各磁浮机构轴向方向的运动是一种约束,为了使得磁浮机构不产生碰撞考虑将这一距离进一步缩小,定义为 L,并将该量设为所定义允许域宽度的一半,如图 3.91 所示。下面分别给出 3 个方向允许域的说明。

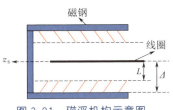

图 3.91　磁浮机构示意图

① x 方向的允许域。在进行逻辑判断时仅需要对 3 个预判点轴向方向的运动进行判断即可。考虑磁浮机构 B2 的线圈顶点(预判点 1)轴向方向运动,根据磁浮机构各轴向与径向的约束关系,预判点 1 既不可以碰触到磁钢的底面,也不可以超出一个上界,因此设计如图 3.92 中所示的 x 轴方向允许域:将 s_0 设为 x 轴方向允许域的中线,设允许域的上下界距离中线 s_0 为 L,图 3.92 中右侧即为 x 轴方向允许域示意图。

图 3.92 中,L_c 表示允许域的中线到磁钢底面的距离,图中红色的区域为不允许区域。由图 3.92 可以看出,线圈在 x 轴方向的允许域是沿着 x_p 轴、长为 $2L$ 的区域。

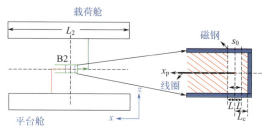

图 3.92　x 轴方向允许域示意图

② y 方向的允许域。与 x 方向的允许域相似,只是 y 方向的允许域需要对磁浮机构 B1 的线圈顶点(预判点 2)进行轴向方向运动上下界的限制,y 轴方向允许域示意图如图 3.93 所示。

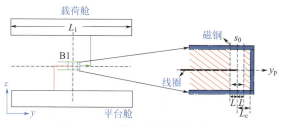

图 3.93　y 轴方向允许域示意图

由图 3.93 可以看出,线圈在 y 轴方向的允许域是沿着 y_p 轴、长为 $2L$ 的区域。

③ z 方向的允许域。与 x 和 y 方向的允许域相似,z 方向的允许域需要对磁浮机构 A1 的线圈顶点(预判点 3)进行轴向方向运动上下界的限制,z 轴方向允许域示意图如图 3.94 所示。

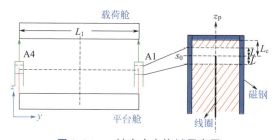

图 3.94　z 轴方向允许域示意图

由图 3.94 可以看出,线圈在 z 轴方向的允许域是沿着 z_p 轴、长为 $2L$ 的区域。

(2)避碰逻辑的判断

预判点在 $O_p x_p y_p z_p$ 系三轴方向的允许域,在进行避碰逻辑判断时只需对预判点轴向方向的运动进行判断,下文将结合所设计的允许域,给出预判点与磁钢之间的避碰逻辑,以便确定是否进行两舱相对位置控制。

① x 轴方向的判断。以下为 x 轴方向的避碰逻辑判断过程,为了降低相对位置的控制频次,除对预判点所在范围进行判断外,还需结合线圈的实际运动情况来确定是否进行相对位置控制。

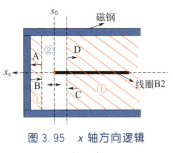

图 3.95　x 轴方向逻辑判断示意图

如图 3.95 所示,将磁钢分成两个区域,即不允许域①和允许域②。图中 A、B、C、D 表示线圈运动的方向,A 和 D 表示向允许域外运动,B 和 C 表示向允许域内运动,因此 x 轴方向的避碰逻辑判断可分为如下情况:

线圈位于区域②内,则不启动相对位置控制;

线圈位于区域①内,且线圈相对于磁钢的运动方向为 B 和 C,则不启动相对位置控制;

线圈位于区域①内,且线圈相对于磁钢的运动方向为 A 和 D,则启动相对位置控制。

② y 轴方向的判断。给出预判点在 y 轴方向的避碰逻辑判断过程,如图 3.96 所示,避碰逻辑判断的情况与 x 轴方向相同,这里不再赘述。

③ z 轴方向的判断。给出预判点在 z 轴方向的避碰逻辑判断过程,如图 3.97 所示,避碰逻辑判断的情况与 x 轴方向相同,这里不再赘述。

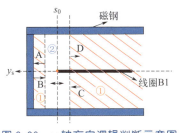

图 3.96　y 轴方向逻辑判断示意图

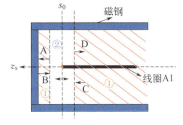

图 3.97　z 轴方向逻辑判断示意图

利用上述的判断逻辑,不仅可以实现避碰的目的,同时还可以极大地减小相对位置控制的频次,从而减轻控制系统压力,使得系统能够更专注于载荷舱姿态控制。

3.4.1.4　相对位置控制力的计算

本节采用的是施加固定控制力的方法,这种方式简单,但缺少一定的自适应性,针对这一问题我们设计了新的相对位置控制力计算方法。下面给出具体的计算过程。

由 3.4.1.3 节可知三轴方向的允许域以及避碰逻辑原理相同,下面仅以 z 轴方向为例进行相对位置控制力计算方法介绍。图 3.98 为 z 轴方向预判点运动示意图,图(b)为 z 轴方向预判点在允许域内随时间运动的放大图,相对位置避碰控制的目的就是希望预判点能够在这个红色线内的区域运动,为了降低控制频次,我们希望预判点在允许域内运动的距离是最远的,即每次运动可以从允许域的上界运动到允许域的下界。图 3.98(b)中的黑色实线为预判点随时间变化的实际运动曲线,当到达 t_A 时刻预判点运动到了允许域的上界,根据逻辑判断的结果,此时需要进行相对位置控制,为了实现运动最远的目的,我们希望预判点能够沿着图中的蓝色虚线运动到 B 点,即能够运动到允许域的下界,且到达 B 点的速度为零,这样可以有效地减少控制的频次。本节正是基于这一原则对相对位置控制力进行计算。

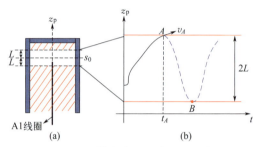

图 3.98 z 轴方向预判点运动示意图

由图 3.98 可知预判点到达 A 点时的实际速度为 v_A,我们期望预判点沿蓝色虚线运动到 B 点,且到达 B 点时的速度 $v_B = 0$,为了简化设计,假设预判点在允许域沿蓝色虚线做匀减速运动,其加速度为 a。预判点沿蓝色期望轨迹做匀减速运动时,A 点的期望速度应该为 v_0,因此需要在 t_A 时刻施加一个速度脉冲,使得 t_A 时刻的速度从 v_A 变为 v_0,根据所施加的速度脉冲的大小就可以计算出进行相对位置控制时所需控制力大小。

根据匀减速运动的公式,有

$$2aS = v_0^2 - v_B^2 \tag{3.59}$$

其中,S 表示预判点在允许域内运动的目标距离;a 为预判点做匀减速运动时的加速度。

由式(3.59)可得 A 点期望的速度 v_0 为

$$v_0 = \sqrt{2aS} \tag{3.60}$$

将实际速度 v_A 变为期望速度 v_0,所需施加的速度脉冲为

$$\Delta v = v_0 - v_A \tag{3.61}$$

令速度脉冲仅施加一个采样周期,则控制加速度可以表示为

$$a_c = \Delta v / \Delta t \tag{3.62}$$

结合式(3.60)～式(3.62)，根据牛顿第二定律可得相对位置控制力为

$$F_c = m a_c$$
$$= m(\sqrt{2aS} - v_A)/\Delta t \tag{3.63}$$

式(3.63)即为计算出的相对位置控制力，针对式(3.63)中的相关量需要进行如下几点说明：

① 关于目标距离 S 的说明。当磁浮机构产生作用力时两舱进行相向运动，因此预判点相对运动的距离应为允许域宽度的一半，即 L；为了使控制具有一定裕度，取实际计算中的目标距离为预判点相对运动距离的一半，即 $0.5L$，同时增加一个调节系数 $k_s(0 < k_s \leqslant 1)$，使得目标距离的调节具有更大的灵活性，因此在计算控制力时所用的目标距离为 $S = 0.5 k_s L$。

② 关于速度 v_A 的说明。图 3.98 中的速度 v_A 为 t_A 时刻两舱的相对速度，相对速度的表达式为

$$\frac{d\rho}{dt} = \frac{\delta\rho}{\delta t} + \omega \times \rho \tag{3.64}$$

其中，ρ 为两舱的在 $O_p x_p y_p z_p$ 中的距离矢量；ω 为载荷舱的角速度；$\dfrac{\delta\rho}{\delta t}$ 为两舱的相对速度。

3.4.1.5 两舱相对位置控制

两舱相对位置控制的目标是：使载荷舱与平台舱不发生相对碰撞，即磁浮机构的磁钢与线圈互不接触，因此进行如下的控制方法设计。

根据 3.4.1.2 节中预判点的坐标解算方法，计算三个预判点的坐标 r_{p_B2}、r_{p_B1} 以及 r_{p_A1}。

由于采用八磁浮机构时，磁浮机构之间的运动存在相互约束，当两舱存在相对姿态变化的时候会引起两舱之间位置的变化。从图 3.87 中可以看出，当两舱姿态角存在 φ 的姿态偏差，对于磁浮机构 B2 和 B4 而言会产生 z 方向的位置偏移，相对姿态引起的位置偏移为

$$\Delta_{sp} = \frac{L_1}{2} \sin\varphi \tag{3.65}$$

根据所提供的数据 $L_1 = 0.55\mathrm{m}$，磁浮机构径向半径 $\Delta = 0.005\mathrm{m}$，能够计算出两舱碰撞时最大相对姿态角 $\varphi_{\max} \approx 1.04°$，考虑到两舱相对姿态角过大时，无法进行逻辑判断的问题，对相对姿态进行进一步约束，即当两舱相对姿态小于一个角度 e_1 时再进行位置控制，两舱相对姿态的判断可以表示为

$$\mathrm{Flag1} = \begin{cases} 0 & e_\varphi \geqslant e_1 \\ 1 & e_\varphi < e_1 \end{cases} \tag{3.66}$$

其中,Flag1 为设定的相对姿态逻辑判断标志位。

由图 3.84 和图 3.89 以及所定义的三轴允许域,可知三个预判点所对应的允许域的中心在载荷舱体坐标系中的坐标为:

x 轴方向的允许域坐标:$\boldsymbol{r}_{B2\_0} = \left[0, \dfrac{L_1}{2}, r_p + \Delta_2\right]^T$

y 轴方向的允许域坐标:$\boldsymbol{r}_{B1\_0} = \left[\dfrac{L_2}{2}, 0, r_p + \Delta_2\right]^T$

z 轴方向的允许域坐标:$\boldsymbol{r}_{A1\_0} = \left[\dfrac{L_2}{2}, \dfrac{L_1}{2}, r_p + \Delta_1 + \Delta\right]^T$

在避碰逻辑的判断过程中还需要判断线圈的运动情况,由于进行避碰逻辑判断时,仅需对三个预判点的轴向运动进行判断,即仅需要判断磁浮机构 B2 的 x 轴方向运动、磁浮机构 B1 的 y 轴方向运动、磁浮机构 A1 的 z 轴方向运动。这里考虑利用差分的思想进行运动方向的判断,即将当前时刻预判点的轴向坐标定义为 r_k,通过差分运算得到当前时刻与前一时刻的坐标绝对值的差值,即 $\Delta r_k = |r_k| - |r_{k-1}|$,再通过判断 Δr_k 的正负,以确定线圈的运动情况,$\Delta r_k > 0$ 需要进行位置控制,$\Delta r_k \leqslant 0$ 则无须进行相对位置控制。令磁浮机构 B2 的 x 轴坐标 r_{p_B2x},磁浮机构 B1 的 y 轴坐标 r_{p_B1y},磁浮机构 A1 的 z 轴坐标 r_{p_A1z},则三轴运动情况判断的差分表达式为

$$
\begin{aligned}
\Delta x_k &= |r_{p\_B2x(k)}| - |r_{p\_B2x(k-1)}| \\
\Delta y_k &= |r_{p\_B1y(k)}| - |r_{p\_B1y(k-1)}| \\
\Delta z_k &= |r_{p\_A1z(k)}| - |r_{p\_A1z(k-1)}|
\end{aligned}
\tag{3.67}
$$

这三个预判点轴向方向所对应的允许域中心的坐标为:x 轴方向 r_{B2_0x},y 轴方向 r_{B1_0y},z 轴方向 r_{A1_0z}。则避碰逻辑可以表示如下:

① x 轴方向

$$
\text{Flag} = \begin{cases}
0 & |r_{p\_B1x} - r_{B2\_0x}| \in [-L, L] \\
0 & |r_{p\_B2x} - r_{B2\_0x}| \notin [-L, L] \text{且} \Delta x_k < 0 \\
1 & |r_{p\_B2x} - r_{B2\_0x}| \notin [-L, L] \text{且} \Delta x_k \geqslant 0
\end{cases}
\tag{3.68}
$$

其中,当 Flag=0,表示不需要进行 x 轴方向的控制;当 Flag=1,表示需要进行 x 轴方向的控制。

② y 轴方向

$$
\text{Flag} = \begin{cases}
0 & |r_{p\_B1y} - r_{B1\_0y}| \in [-L, L] \\
0 & |r_{p\_B1y} - r_{B1\_0y}| \notin [-L, L] \text{且} \Delta y_k < 0 \\
1 & |r_{p\_B1y} - r_{B1\_0y}| \notin [-L, L] \text{且} \Delta y_k \geqslant 0
\end{cases}
\tag{3.69}
$$

③ z 轴方向

$$\text{Flag}=\begin{cases}0 & |r_{\text{p\_A1}z}-r_{\text{A1\_0}z}| \in [-L,L]\\0 & |r_{\text{p\_A1}z}-r_{\text{A1\_0}z}| \notin [-L,L] 且 \Delta z_k < 0\\1 & |r_{\text{p\_A1}z}-r_{\text{A1\_0}z}| \notin [-L,L] 且 \Delta z_k \geqslant 0\end{cases} \tag{3.70}$$

相对位置控制力的计算详见 3.4.1.4 节。

根据避碰逻辑判断的结果,设计如下控制算法:

$$F_j=\begin{cases}F_{cj} & \text{Flag}=1 且 \text{Flag1}=1\\0 & 其他\end{cases} \tag{3.71}$$

其中,$j=x,y,z$;F_{cj} 表示计算所得的控制力。

3.4.2　线缆干扰补偿控制方法

3.4.2.1　线缆耦合效应的自适应控制

本节采用自适应方法针对线缆耦合的载荷舱系统设计一类浮体式卫星姿态机动控制器。浮体式卫星系统控制框图如图 3.99 所示,共有三个控制回路,包括载荷舱主动姿态控制、平台舱从动姿态控制和两舱相对位置控制,其中载荷舱控制采用滑模自适应控制方法,两舱相对位置采用基于状态观测器的 PD 控制,利用观测器估计卫星平台的外界干扰与挠性部件影响并进行补偿。

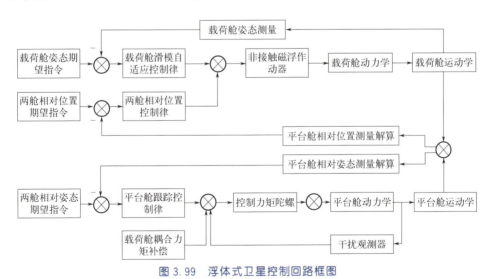

图 3.99　浮体式卫星控制回路框图

根据载荷舱动力学模型,构造如下滑模函数:

$$\boldsymbol{s}=\boldsymbol{\omega}_{\text{pe}}+k_{\text{p}}\boldsymbol{q}_{\text{pe}},\quad k_{\text{p}}>0 \tag{3.72}$$

其中,k_{p} 为三维正定对角矩阵;$\boldsymbol{q}_{\text{pe}}$ 为载荷舱误差四元数的矢量部分;$\boldsymbol{\omega}_{\text{pe}}$ 为载荷舱三轴角速度误差向量。

则有 $\boldsymbol{I}_{\text{p}}(\cdot)\dot{\boldsymbol{s}}$:

$$\begin{aligned}
\boldsymbol{I}_{\mathrm{p}}(\bullet)\dot{\boldsymbol{s}} &= \boldsymbol{I}_{\mathrm{p}}(\bullet)(\dot{\boldsymbol{\omega}}_{\mathrm{pe}} + k_{\mathrm{p}}\dot{\boldsymbol{q}}_{\mathrm{pe}}) \\
&= \boldsymbol{I}_{\mathrm{p}}(\bullet)\dot{\boldsymbol{\omega}}_{\mathrm{pe}} + k_{\mathrm{p}}\boldsymbol{I}_{\mathrm{p}}(\bullet)\dot{\boldsymbol{q}}_{\mathrm{pe}} \\
&= \boldsymbol{T}_{\mathrm{cp}} - \boldsymbol{\omega}_{\mathrm{p}}^{\times}[\boldsymbol{I}_{\mathrm{p}}(\bullet)\boldsymbol{\omega}_{\mathrm{p}} + \boldsymbol{R}_{\mathrm{c}}^{\mathrm{T}}\dot{\boldsymbol{\eta}}_{\mathrm{c}}] - \boldsymbol{R}_{\mathrm{c}}^{\mathrm{T}}\ddot{\boldsymbol{\eta}}_{\mathrm{c}} + \boldsymbol{T}_{\mathrm{dp}} + \boldsymbol{I}_{\mathrm{p}}(\bullet)(\boldsymbol{\omega}_{\mathrm{pe}}^{\times}\boldsymbol{C}\boldsymbol{\omega}_{\mathrm{pd}} \\
&\quad - \boldsymbol{C}\dot{\boldsymbol{\omega}}_{\mathrm{pd}}) + \frac{1}{2}k_{\mathrm{p}}\boldsymbol{I}_{\mathrm{p}}(\bullet)(\boldsymbol{q}_{\mathrm{pe}}^{\times} + q_{\mathrm{pe}0}\boldsymbol{I})\boldsymbol{\omega}_{\mathrm{pe}}
\end{aligned} \tag{3.73}$$

为便于后续控制器设计，定义如下 $\boldsymbol{L}(\bullet)$：

$$\begin{aligned}
\boldsymbol{L}(\bullet) &= -\boldsymbol{\omega}_{\mathrm{p}}^{\times}\boldsymbol{I}_{\mathrm{p}}(\bullet)\boldsymbol{\omega}_{\mathrm{p}} + \boldsymbol{I}_{\mathrm{p}}(\bullet)[(\boldsymbol{\omega}_{\mathrm{p}} - \boldsymbol{C}\boldsymbol{\omega}_{\mathrm{pd}})^{\times}\boldsymbol{C}\boldsymbol{\omega}_{\mathrm{pd}} - \boldsymbol{C}\dot{\boldsymbol{\omega}}_{\mathrm{pd}}] + \boldsymbol{T}_{\mathrm{dp}} \\
&\quad + \frac{1}{2}k_{\mathrm{p}}\boldsymbol{I}_{\mathrm{p}}(\bullet)(\boldsymbol{q}_{\mathrm{pe}}^{\times} + q_{\mathrm{pe}0}\boldsymbol{I})\boldsymbol{\omega}_{\mathrm{pe}} - \boldsymbol{\omega}_{\mathrm{p}}^{\times}\boldsymbol{R}_{\mathrm{c}}^{\mathrm{T}}\dot{\boldsymbol{\eta}}_{\mathrm{c}} + \boldsymbol{R}_{\mathrm{c}}^{\mathrm{T}}\boldsymbol{R}_{\mathrm{c}}\boldsymbol{\omega}_{\mathrm{p}} \\
&\quad + 2\boldsymbol{R}_{\mathrm{c}}^{\mathrm{T}}\boldsymbol{\xi}_{\mathrm{c}}\boldsymbol{\omega}_{\mathrm{c}}\dot{\boldsymbol{\eta}}_{\mathrm{c}} + \boldsymbol{R}_{\mathrm{c}}^{\mathrm{T}}\boldsymbol{\omega}_{\mathrm{c}}^{2}\boldsymbol{\eta}_{\mathrm{c}} - k_{\mathrm{p}}\boldsymbol{q}_{\mathrm{e}} - \frac{1}{2}\times\frac{\mathrm{d}\boldsymbol{I}_{\mathrm{p}}(\bullet)}{\mathrm{d}t}\boldsymbol{s}
\end{aligned} \tag{3.74}$$

由于存在 $\rho_{\mathrm{p}} > 0$ 使得 $\|\boldsymbol{\xi}_{\mathrm{c}}\|, \|\boldsymbol{\omega}_{\mathrm{c}}\|, \|\boldsymbol{\eta}_{\mathrm{c}}\| \leqslant \rho_{\mathrm{p}}$，则有

$$\|\boldsymbol{L}(\bullet)\| \leqslant b_0 + b_1\|\boldsymbol{\omega}_{\mathrm{p}}\| + b_3\|\boldsymbol{\omega}_{\mathrm{p}}\|^2 \leqslant b\Phi$$
$$\Phi = 1 + \|\boldsymbol{\omega}_{\mathrm{p}}\| + \|\boldsymbol{\omega}_{\mathrm{p}}\|^2 \tag{3.75}$$

式(3.74)化简为如下形式：

$$\boldsymbol{I}_{\mathrm{p}}(\bullet)\dot{\boldsymbol{s}} = \boldsymbol{T}_{\mathrm{cp}} + \boldsymbol{L}(\bullet) - k_{\mathrm{p}}\boldsymbol{q}_{\mathrm{e}} - \frac{1}{2}\times\frac{\mathrm{d}\boldsymbol{I}_{\mathrm{p}}(\bullet)}{\mathrm{d}t}\boldsymbol{s} \tag{3.76}$$

设计自适应控制律：

$$\boldsymbol{T}_{\mathrm{cp}} = -[k_0 + \kappa(t)]\boldsymbol{s}, \quad \kappa(t) = \frac{\hat{b}^2\Phi^2}{\sqrt{\hat{b}^2\Phi^2\|\boldsymbol{s}\|^2 + \psi^2}} \tag{3.77}$$

$$\dot{\hat{b}} = -\sigma_1\hat{b} + \sigma_2\|\boldsymbol{s}\|\Phi$$

对于如下形式的 Lyapunov 函数：

$$V = \frac{1}{2}\boldsymbol{s}^{\mathrm{T}}\boldsymbol{I}_{\mathrm{p}}(\bullet)\boldsymbol{s} + \frac{1}{2\sigma_2}\tilde{b}^2 + k_{\mathrm{p}}[\boldsymbol{q}_{\mathrm{pe}}^{\mathrm{T}}\boldsymbol{q}_{\mathrm{pe}} + (1 - q_{\mathrm{pe}0})^2] \tag{3.78}$$

有如下形式：

$$\dot{V} = \frac{1}{2}\boldsymbol{s}^{\mathrm{T}}\frac{\mathrm{d}\boldsymbol{I}_{\mathrm{p}}(\bullet)}{\mathrm{d}t}\boldsymbol{s} + \boldsymbol{s}^{\mathrm{T}}\boldsymbol{I}_{\mathrm{p}}(\bullet)\dot{\boldsymbol{s}} - \frac{1}{\sigma_2}(b - \hat{b})\dot{\hat{b}} + k_{\mathrm{p}}\boldsymbol{q}_{\mathrm{e}}^{\mathrm{T}}\boldsymbol{\omega}_{\mathrm{e}} \tag{3.79}$$

代入式(3.76)得到

$$\begin{aligned}
\dot{V} &= \frac{1}{2}\boldsymbol{s}^{\mathrm{T}}\frac{\mathrm{d}\boldsymbol{I}_{\mathrm{p}}(\bullet)}{\mathrm{d}t}\boldsymbol{s} + \boldsymbol{s}^{\mathrm{T}}\left[\boldsymbol{T}_{\mathrm{cp}} + \boldsymbol{L}(\bullet) - k_{\mathrm{p}}\boldsymbol{q}_{\mathrm{e}} - \frac{1}{2}\times\frac{\mathrm{d}\boldsymbol{I}_{\mathrm{p}}(\bullet)}{\mathrm{d}t}\boldsymbol{s}\right] - \frac{1}{\sigma_2}(b - \hat{b})\dot{\hat{b}} + k_{\mathrm{p}}\boldsymbol{q}_{\mathrm{pe}}^{\mathrm{T}}\boldsymbol{\omega}_{\mathrm{pe}} \\
&= \frac{1}{2}\boldsymbol{s}^{\mathrm{T}}\frac{\mathrm{d}\boldsymbol{I}_{\mathrm{p}}(\bullet)}{\mathrm{d}t}\boldsymbol{s} - \frac{1}{2}\boldsymbol{s}^{\mathrm{T}}\frac{\mathrm{d}\boldsymbol{I}_{\mathrm{p}}(\bullet)}{\mathrm{d}t}\boldsymbol{s} + \boldsymbol{s}^{\mathrm{T}}[\boldsymbol{T}_{\mathrm{cp}} + \boldsymbol{L}(\bullet)] - k_{\mathrm{p}}(\boldsymbol{\omega}_{\mathrm{pe}}^{\mathrm{T}} + k_{\mathrm{p}}\boldsymbol{q}_{\mathrm{pe}}^{\mathrm{T}})\boldsymbol{q}_{\mathrm{pe}} + k_{\mathrm{p}}\boldsymbol{q}_{\mathrm{e}}^{\mathrm{T}}\boldsymbol{\omega}_{\mathrm{e}} \\
&\quad - \frac{1}{\sigma_2}(b - \hat{b})\dot{\hat{b}}
\end{aligned}$$

$$= s^{\mathrm{T}} [\boldsymbol{T}_{\mathrm{cp}} + \boldsymbol{L}(\,\cdot\,)] - k_{\mathrm{p}}^2 \boldsymbol{q}_{\mathrm{pe}}^{\mathrm{T}} \boldsymbol{q}_{\mathrm{pe}} - \frac{1}{\sigma_2} (b - \hat{b}) \dot{\hat{b}}$$

代入控制律式(3.77)有

$$\dot{V} = s^{\mathrm{T}} [\boldsymbol{T}_{\mathrm{cp}} + \boldsymbol{L}(\,\cdot\,)] - \frac{1}{\sigma_2} (b - \hat{b}) \dot{\hat{b}} - k_{\mathrm{p}}^2 \boldsymbol{q}_{\mathrm{pe}}^{\mathrm{T}} \boldsymbol{q}_{\mathrm{pe}}$$

$$= -s^{\mathrm{T}} [k_0 + \kappa(t)] s + s^{\mathrm{T}} \boldsymbol{L}(\,\cdot\,) + \frac{1}{\sigma_2} (b - \hat{b})(-\dot{\hat{b}}) - k_{\mathrm{p}}^2 \boldsymbol{q}_{\mathrm{pe}}^{\mathrm{T}} \boldsymbol{q}_{\mathrm{pe}} \qquad (3.80)$$

$$\leqslant -k_0 s^{\mathrm{T}} s - \frac{\hat{b}^2 \Phi^2 \|s\|^2}{\sqrt{\hat{b}^2 \Phi^2 \|s\|^2 + \psi^2}} + \|s\| b\Phi + \frac{1}{\sigma_2} (b - \hat{b})(-\dot{\hat{b}}) - k_{\mathrm{p}}^2 \boldsymbol{q}_{\mathrm{pe}}^{\mathrm{T}} \boldsymbol{q}_{\mathrm{pe}}$$

基于下述不等式：

$$0 \leqslant |x| - \frac{|x|^2}{\sqrt{|x|^2 + \psi^2}} < \psi, \quad \psi > 0, \forall x \in R$$

则有

$$\hat{b} \Phi \|s\| < \frac{\hat{b}^2 \Phi^2 \|s\|^2}{\sqrt{\hat{b}^2 \Phi^2 \|s\|^2 + \psi^2}} + \psi, \quad \psi > 0 \qquad (3.81)$$

将式(3.81)代入式(3.80)有

$$\dot{V} \leqslant -k_0 s^{\mathrm{T}} s - \frac{\hat{b}^2 \Phi^2 \|s\|^2}{\sqrt{\hat{b}^2 \Phi^2 \|s\|^2 + \psi^2}} + \|s\| b\Phi + \frac{1}{\sigma_2} (b - \hat{b})(-\dot{\hat{b}}) - k_{\mathrm{p}}^2 \boldsymbol{q}_{\mathrm{pe}}^{\mathrm{T}} \boldsymbol{q}_{\mathrm{pe}}$$

$$< -k_0 s^{\mathrm{T}} s - (\hat{b} \Phi \|s\| - \psi) + \|s\| b\Phi + \frac{1}{\sigma_2} (b - \hat{b})(-\dot{\hat{b}}) - k_{\mathrm{p}}^2 \boldsymbol{q}_{\mathrm{pe}}^{\mathrm{T}} \boldsymbol{q}_{\mathrm{pe}}$$

$$\leqslant -k_0 s^{\mathrm{T}} s - k_{\mathrm{p}}^2 \boldsymbol{q}_{\mathrm{pe}}^{\mathrm{T}} \boldsymbol{q}_{\mathrm{pe}} + (b - \hat{b}) \|s\| \Phi + \frac{1}{\sigma_2} (b - \hat{b})(-\dot{\hat{b}}) + \psi$$

代入 $\dot{\hat{b}} = -\sigma_1 \hat{b} + \sigma_2 \|s\| \Phi$，得到

$$\dot{V} \leqslant -k_0 s^{\mathrm{T}} s - k_{\mathrm{p}}^2 \boldsymbol{q}_{\mathrm{pe}}^{\mathrm{T}} \boldsymbol{q}_{\mathrm{pe}} + \frac{\sigma_1}{\sigma_2} (b - \hat{b}) \hat{b} + \psi$$

对于 $\dfrac{\sigma_1}{\sigma_2} (b - \hat{b}) \hat{b}$，由于

$$\frac{\sigma_1}{\sigma_2} (b - \hat{b}) \hat{b} = -\frac{\sigma_1}{2\sigma_2} (b - \hat{b})^2 + \frac{\sigma_1}{2\sigma_2} (b^2 - \hat{b}^2) \leqslant -\frac{\sigma_1}{2\sigma_2} (b - \hat{b})^2 + \frac{\sigma_1 b^2}{2\sigma_2}$$

则有

$$\dot{V} \leqslant -k_0 s^{\mathrm{T}} s - k_{\mathrm{p}}^2 \boldsymbol{q}_{\mathrm{pe}}^{\mathrm{T}} \boldsymbol{q}_{\mathrm{pe}} + \frac{\sigma_1}{\sigma_2} (b - \hat{b}) \hat{b} + \psi$$

$$\leqslant -k_0 s^{\mathrm{T}} s - k_{\mathrm{p}}^2 \boldsymbol{q}_{\mathrm{pe}}^{\mathrm{T}} \boldsymbol{q}_{\mathrm{pe}} - \frac{\sigma_1}{2\sigma_2} (b - \hat{b})^2 + \frac{\sigma_1 b^2}{2\sigma_2} + \psi$$

$$\leqslant -\lambda_0 V + \varepsilon_0$$

其中，$\lambda_0 = \min\left\{\dfrac{k_0}{\mathrm{diag}_{\max}(I_\mathrm{p})}, \sigma_1, k_\mathrm{p}\right\}$；$\varepsilon_0 = k_\mathrm{p}(1 - q_{\mathrm{pe}0})^2 + \dfrac{\sigma_1 b^2}{2\sigma_2} + \psi$。

基于式

$$\frac{\sigma_1}{\sigma_2}(b - \hat{b})\hat{b} = \frac{\sigma_1}{\sigma_2}(b\hat{b} - \hat{b}^2) = -\frac{\sigma_1}{\sigma_2}\left(\hat{b} - \frac{b}{2}\right)^2 + \frac{\sigma_1 b^2}{4\sigma_2} \leqslant \frac{\sigma_1 b^2}{4\sigma_2} \tag{3.82}$$

则可证得

$$\lim_{t \to \infty} \frac{1}{t}\int_0^t \|s\|^2 \, \mathrm{d}t \leqslant \lim_{t \to \infty} \frac{1}{t}\int_0^t \left(-\frac{\dot{V}}{k_0} + \frac{\sigma_1 b^2}{4k_0\sigma_2} + \frac{\psi}{k_0}\right)\mathrm{d}t = \lim_{t \to \infty} \frac{1}{t}\int_0^t -\frac{\dot{V}}{k_0}\mathrm{d}t + \frac{\sigma_1 b^2}{4k_0\sigma_2} + \frac{\psi}{k_0}$$

$$= \lim_{t \to \infty}\left[\frac{V(0) - V(t)}{k_0 t}\right] + \frac{\sigma_1 b^2}{4k_0\sigma_2} + \frac{\psi}{k_0} = \frac{\sigma_1 b^2}{4k_0\sigma_2} + \frac{\psi}{k_0} < \infty$$

3.4.2.2 仿真分析

为验证控制律式(3.77)，基于试验系统的相关参数进行仿真分析。机动目标为：设定初始角为 $-15°$，期望姿态角为 $+15°$，在 10s 内使载荷从初始姿态机动到目标状态，并且实现载荷舱主动、平台舱从动的两舱协同控制。控制系统基于 MATLAB/Simulink 系统搭建，数值积分方法均采用四阶 Runge-Kutta 法。

图 3.100 所示为采用本节方法时的载荷舱姿态角曲线，从图中可以看出，X 轴实现了 $30°/10\mathrm{s}$ 的机动，机动过程中另外两轴的角度跳动量小于 $1 \times 10^{-3}(°)$，角速度跳动量小于 $0.03°/\mathrm{s}$。图 3.101 所示为两舱相对姿态角曲线，由图可知，在机动过程中，两舱之间的相对姿态角变化小于 $0.2°$ 且相对姿态角速度低于 $0.2°/\mathrm{s}$ 并趋于收敛，表明平台舱很好地跟踪了载荷舱机动。图 3.102～图 3.107 分别为浮体式卫星平台进行姿态控制时载荷舱三轴指向精度和稳定度曲线。由图中的曲线可知，当采用滑模自适应控制时，载荷舱 X 轴指向精度与稳定度分别为 $1.74 \times 10^{-3}(°)$ 和 $4 \times 10^{-4}/\mathrm{s}$。

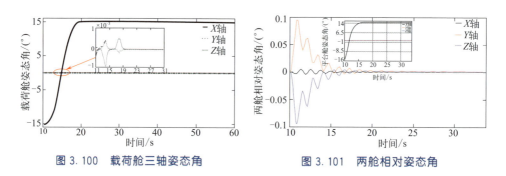

图 3.100　载荷舱三轴姿态角　　　　图 3.101　两舱相对姿态角

仿真结果表明，滑模自适应控制方法在稳定状态下载荷舱的指向精度和稳定度可以达到 $2.5 \times 10^{-4}(°)$ 和 $5 \times 10^{-6}°/\mathrm{s}$，达到设计目标；单轴机动过程中稳定度和指向精度如图 3.108、图 3.109 所示。

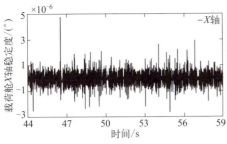

图 3.102　载荷舱 X 轴稳定度(一)

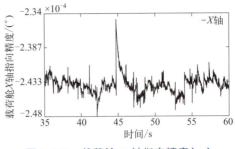

图 3.103　载荷舱 X 轴指向精度(一)

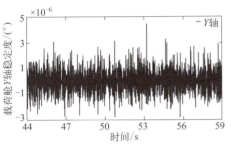

图 3.104　载荷舱 Y 轴稳定度(一)

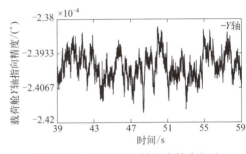

图 3.105　载荷舱 Y 轴指向精度(一)

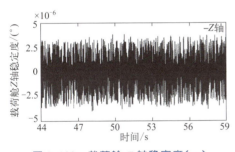

图 3.106　载荷舱 Z 轴稳定度(一)

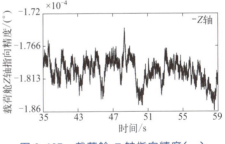

图 3.107　载荷舱 Z 轴指向精度(一)

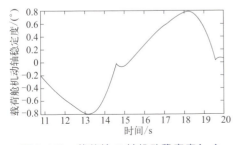

图 3.108　载荷舱 X 轴机动稳定度(一)

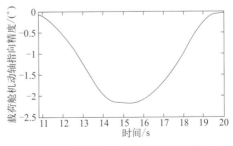

图 3.109　载荷舱 X 轴机动指向精度(一)

为提供对比,提供相同算法同样参数设置下无线缆绑定状态下的载荷舱机动过程,稳定度和指向精度图 3.110、图 3.111 所示。

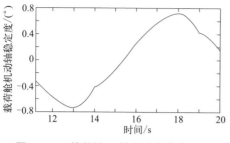

图 3.110 载荷舱 X 轴机动稳定度(二)

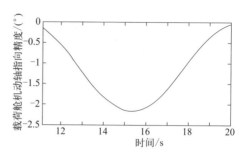

图 3.111 载荷舱 X 轴机动指向精度(二)

对比以上结果可知,舱间绑定柔性线缆使得载荷舱机动过程的稳定度和指向精度均发生下降,滑模自适应算法的补偿可以在一定程度上降低稳定度和指向精度的影响且避免突然发生的振动激增现象,但对于完整机动过程中稳定度和指向精度的性能没有明显提升。

下面基于同样的机动过程和模型参数,使用变系数 PD 控制进行仿真,如图 3.112~图 3.117 所示。

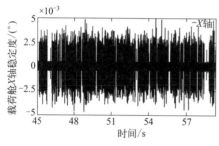

图 3.112 载荷舱 X 轴稳定度(二)

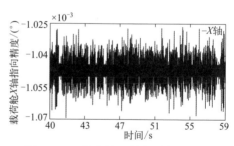

图 3.113 载荷舱 X 轴指向精度(二)

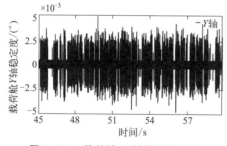

图 3.114 载荷舱 Y 轴稳定度(二)

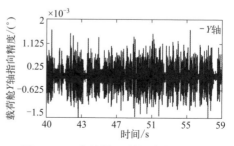

图 3.115 载荷舱 Y 轴指向精度(二)

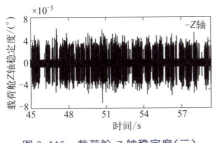
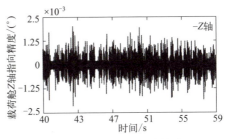

图 3.116　载荷舱 Z 轴稳定度(二)　　　图 3.117　载荷舱 Z 轴指向精度(二)

　　比较两种控制算法在稳态下的指向性能曲线可知,变系数 PD 控制方法在线缆干扰存在的稳态下指向性能表现相较于滑模自适应控制方法差,无法满足浮体式卫星的设计要求;滑模自适应控制方法在机动过程中受到线缆形变扰动滞后性的干扰,未能呈现良好的精确控制性能。图 3.118、图 3.119 所示为变系数 PD 控制算法在载荷舱受线缆干扰下的机动指向性能仿真结果。

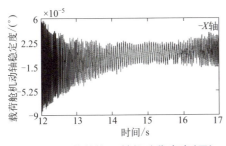
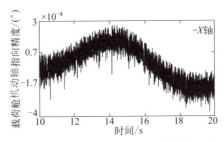

图 3.118　载荷舱 X 轴机动稳定度(三)　　图 3.119　载荷舱 X 轴机动指向精度(三)

　　仿真结果表明,滑模自适应算法可以有效补偿稳态下的舱间线缆扰动,但在机动过程中存在补偿滞后的情况,三轴指向精度可达到 $[2.5\ \ 2.5\ \ 2]\times10^{-4}(°)$,三轴稳定度可达到 $[6\ \ 6\ \ 7.5]\times10^{-6}°/s$;变系数 PD 控制考虑线缆端部扰动力模型,实现机动过程中的前馈补偿,仿真显示得到了良好的机动稳定效果,三轴指向精度可达到 $[1.1\ \ 3.5\ \ 4]\times10^{-3}(°)$,三轴稳定度可达到 $[8\ \ 8\ \ 8]\times10^{-3}°/s$,提高采样频率并施加前馈补偿时可达到单轴 $7\times10^{-4}(°)$ 的指向精度和 $5\times10^{-5}°/s$ 的稳定度。可基于此设计浮体式敏捷卫星的切换机动控制律,以实现全工作工程的高精度指向控制。

3.5　敏捷动中成像多应用模式分析

　　超敏捷动中成像卫星基于地表两自由度(南北、东西双向)非沿迹灵巧曲线成像能力,不仅能实现 6 种传统敏捷卫星成像模式的增强,还能拓展 6 种全新的超敏捷动中成像模式,共计 12 种成像模式,如表 3.4 所示。

表 3.4   超敏捷动中成像模式

任务	传统敏捷卫星成像模式	超敏捷动中成像模式		
		传统增强(超敏捷)	全新模式	
星下点推扫	星下点正向推扫	星下点正向推扫	星下点反向推扫	
多条带拼接	南北正向推扫	南北正向推扫	南北正反双向推扫	东西正反双向推扫
带状不规则区域	南北沿迹拼接	南北沿迹拼接	南北、东西两自由度非沿迹	
重点区域多点目标	机动到位后南北正向推扫	机动到位后南北正向推扫	单轨非沿迹路径持续成像	
单一重点目标	单轨多次南北正向推扫	单轨多次南北正向推扫	单轨多次南北正反双向推扫	
	单轨多视立体成像	单轨多视立体成像		

(1)星下点推扫

基于超敏捷动中成像能力,除增强传统星下点正向推扫模式外,还可拓展出星下点反向推扫模式,共 2 种模式,如表 3.5 所示。

表 3.5   星下点推扫观测

传统	动中成像	
传统星下点正向推扫:条带推扫速度仅为卫星成像点轨道速度	增强星下点正向推扫:在卫星轨道速度的基础上,叠加卫星姿态机动速度实现加速	星下点反向推扫:卫星姿态机动速度大于轨道速度时,可实现逆飞行方向的反向推扫

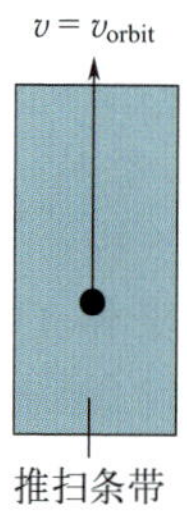

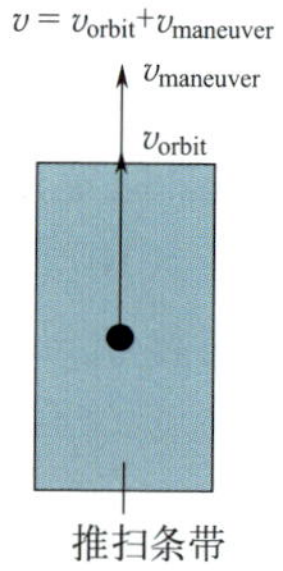

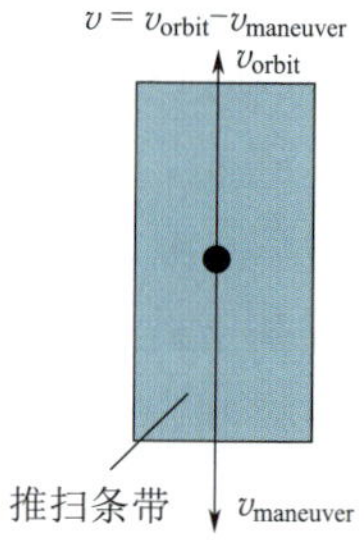

(2)多条带拼接

基于超敏捷动中成像能力,除增强传统南北正向推扫模式外,还可拓展出南北正反双向推扫模式、东西正反双向推扫模式,如表 3.6 所示。

表 3.6　多条带拼接观测

传统	动中成像		
南北正向推扫:不成像机动＋沿迹正向推扫,循环进行	增强南北正向推扫:沿迹正向加速,超稳机动节省稳定时间	南北正反双向推扫:加速、稳定基础上,加入沿迹反向推扫	东西正反双向推扫:加速、稳定、东西非沿迹推扫

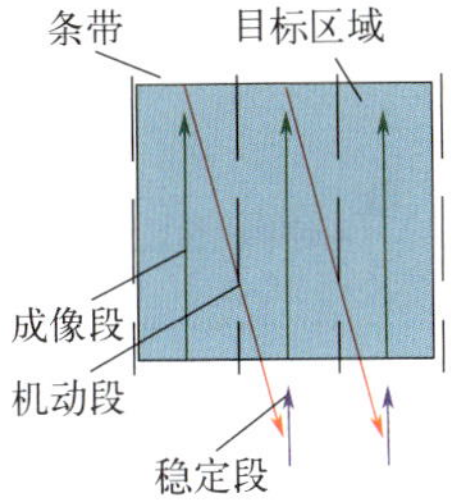

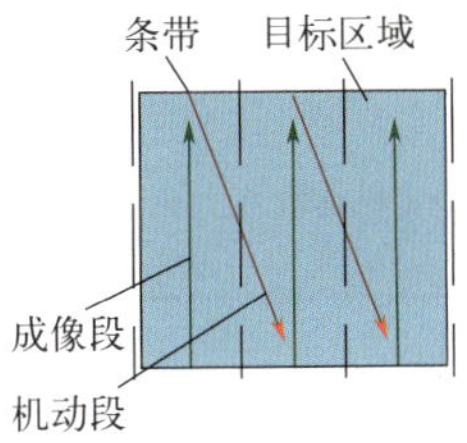

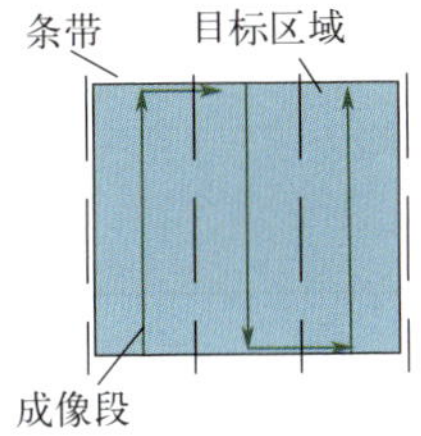

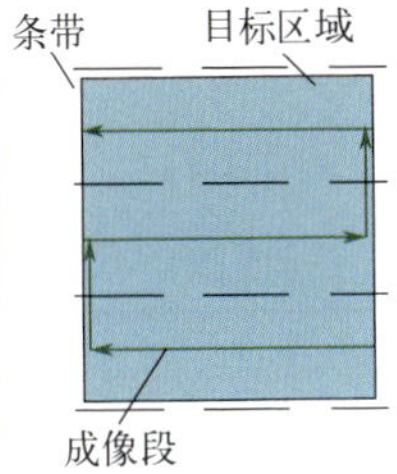

（3）带状不规则区域

基于超敏捷动中成像能力,除增强传统南北沿迹拼接模式外,还可拓展出南北、东西两自由度非沿迹模式,如表 3.7 所示。

表 3.7　带状不规则区域观测

传统	动中成像	
南北沿迹拼接:南北沿迹多条带拼接实现	增强南北沿迹拼接:南北沿迹多条带拼接＋沿迹正向加速＋超稳机动无稳定时间	南北、东西两自由度非沿迹:直接沿带状区域以非沿迹条带推扫动中成像

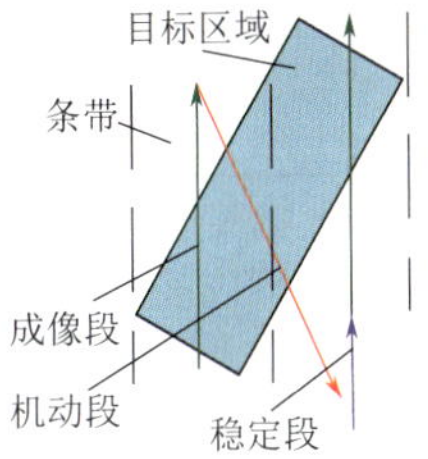

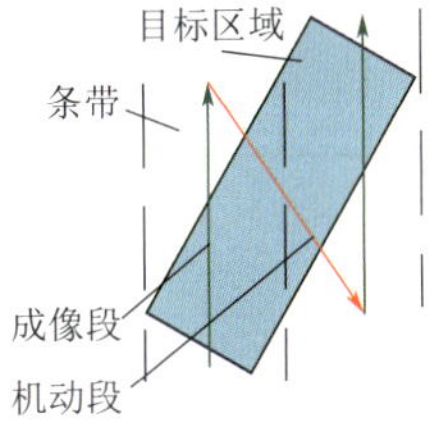

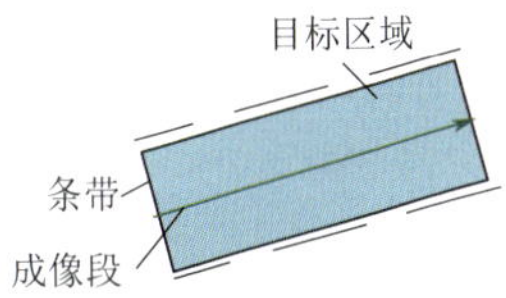

（4）重点区域多点目标

基于超敏捷动中成像能力,除增强传统机动到位后南北正向推扫模式外,还可拓展出单轨非沿迹路径持续成像模式,如表 3.8 所示。

表 3.8　重点区域多点目标观测

传统	动中成像	
机动到位后南北正向推扫:不成像姿态机动＋姿态稳定＋沿迹推扫,循环进行	增强机动到位后南北正向推扫:稳定机动至目标初始位置,然后动中成像完成推扫	单轨非沿迹路径持续成像:直接以连续路径连接各目标点进行动中成像

续表

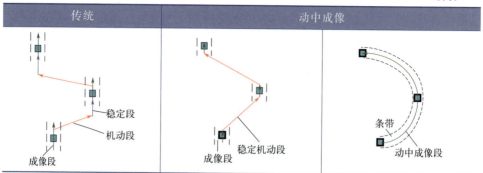

（5）单一重点目标

基于超敏捷动中成像能力，除增强传统单轨多次南北正向推扫模式外，还可拓展出单轨多次南北正反双向推扫模式，另外对于单轨多视立体成像任务也可进行增强，如表 3.9 所示。

表 3.9　单一重点目标观测模式

传统	动中成像	
单轨多次南北正向推扫：不成像姿态机动＋姿态稳定＋侧视沿迹推扫成像，循环进行	增强单轨多次南北正向推扫：稳定机动至目标区域初始位置进行动中成像完成推扫，循环进行	单轨多次南北正反双向推扫：对目标点位置进行来回往复动中成像
成像段 稳定段 机动段	成像段 机动段	成像段

<h1 align="center">参 考 文 献</h1>

[1]　Zhong Y S，Eisaka T，Tagawa R. Low-order robust model matching controller design for SISO plants[J]. IFAC Proceedings Volumes，1990，23(8)：191-196.

[2]　Zhong Y S. Robust model matching control system design for MIMO plants with large perturbations[J]. IFAC Proceedings Volumes，1996，29(1)：3258-3263.

[3]　刘磊，王萍萍，孔宪仁，等.卫星精确定向的模型匹配鲁棒控制器设计[J]. 噪声与振动控制，2011，31(01)：33-37.

[4]　龚小雪.光学遥感卫星中飞轮微振动的建模分析与隔振研究[D]. 长春：中国科学院大学（中国科学院长春光学精密机械与物理研究所），2019.

［5］ 张恒,李世其,刘世平,等.一种影响空间相机成像的制冷机微振动分析方法［J］.宇航学报,2017,38(11):1226-1233.

［6］ 张泉.空间大口径快摆镜机构非线性补偿及闭环控制技术研究［D］.上海:中国科学院大学(中国科学院上海技术物理研究所),2020.

［7］ He T,Wu Z. Iterative learning disturbance observer based attitude stabilization of flexible spacecraft subject to complex disturbances and measurement noises［J］. IEEE/CAA Journal of Automatica Sinica,2021,8(9):1576-1587.

［8］ 董瑶海.航天器微振动——理论与实践［M］.北京:中国宇航出版社,2015.

［9］ 周伟敏.挠性结构卫星姿态机动与成像控制技术研究［D］.长沙:国防科技大学,2022.

［10］ Liao H,Xie J,Zhou X,et al. Compound attitude maneuver and collision avoiding control for a novel noncontact close-proximity formation satellite architecture［J］. International Journal of Aerospace Engineering,2022,2022:1-11.

［11］ Yang H,Liu L,Yun H,et al. Modeling and collision avoidance control for the Disturbance-Free Payload spacecraft［J］. Acta Astronautica,2019,164:415-424.

［12］ 周雅兰.双体卫星快速姿态机动控制研究［D］.哈尔滨:哈尔滨工业大学,2019.

［13］ Wu C,Kong X,Liu Y,et al. Coupling characteristics analysis for the disturbance free payload spacecraft［J］. Acta Astronautica,2017,138:407-16.

［14］ 庞岩,李静,刘磊.柔性线缆连接的分离式卫星动力学建模［J］.宇航学报,2017,38(1):1-9.

［15］ Yang H,Liu L,Liu Y,et al. Modeling and micro-vibration control of flexible cable for disturbance-free payload spacecraft［J］. Microgravity Science and Technology,2021,33:1-16.

第 **4** 章

浮体式卫星敏捷控制系统
关键单机设计

合理有效的卫星控制系统是浮体式敏捷卫星实现敏捷姿态机动的前提。卫星控制系统除了保证整星具有较高的姿态测量精度和姿态控制精度之外,同时也要保证内部两舱相对位置和相对姿态之间满足一定的约束关系。

浮体式敏捷卫星控制系统如图 4.1 所示。首先,由载荷舱和平台舱分别控制自身姿态,以同时满足载荷指向和相对姿态控制需求。同时,施加舱间相对位置控制,使得两舱质心维持在期望相对位置上。由此形成 3 个控制回路:

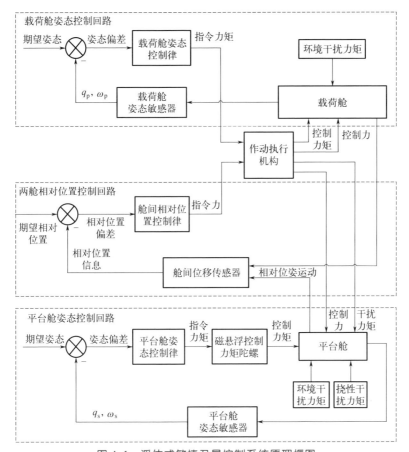

图 4.1　浮体式敏捷卫星控制系统原理框图

① 载荷舱自身通过安装高精度的星敏感器和陀螺,实现载荷舱高精度姿态确定,并由载荷舱姿态控制律产生控制指令,由作动执行机构产生相应的控制力矩,形成载荷舱姿态控制回路;

② 舱间位移传感器测量得到平台舱质心相对载荷舱质心位置,由舱间相对位置控制律产生控制指令,由作动执行机构输出相应的控制力,分别作用到载荷舱和平台舱上,形成舱间相对位置控制回路;

③ 平台舱自身安装的星敏感器和陀螺,实现平台舱姿态确定,由平台舱姿态控制律产生控制指令,由平台舱上安装的大力矩快响应磁悬浮控制力矩陀螺输出相应的控制力矩,形成平台舱姿态控制回路,最终实现整星的高精度敏捷姿态机动控制。

4.1　高精度高带宽非接触磁浮机构

非接触磁浮机构是浮体式敏捷卫星的核心执行元件,两舱动静隔离后,通过高精度高带宽非接触磁浮机构可克服外部低频干扰,实现载荷舱的高精度姿态控制。同时,两舱相对位置控制执行器也为非接触磁浮机构,即载荷舱的高精度"主"动控制与两舱的相对位置控制均通过非接触磁浮机构实现,因此对非接触磁浮机构而言,还应做到对载荷舱的"主"动控制力矩与两舱的相对位置控制力完全解耦。

非接触磁浮机构由磁钢、激励线圈和程控精密功率放大器组成。程控精密功率放大器提供电流,磁钢在工作气隙中产生强而均匀的磁力线并穿过线圈架,根据洛伦兹力生成原理输出两路相互垂直力,其示意图如图 4.2 所示。

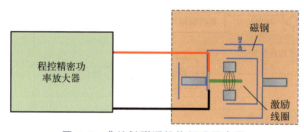

图 4.2　非接触磁浮机构组成示意图

非接触磁浮机构安装时,将磁钢与平台舱固连,激励线圈与载荷舱固连,在工作过程中可在所要控制载荷舱与平台舱产生相互垂直的二维作用力,实现平台舱和载荷舱的动静隔离非接触设计。与此同时,基于载荷舱上的高精度星敏与陀螺,非接触磁浮机构直接对载荷舱施加高精度控制力矩,便可实现载荷舱的主动控制;基于载荷舱与平台舱之间的相对位置传感元件,非接触磁浮机构对两舱直接施加高精度控制力,便可实现两舱间的从动控制。

4.1.1　磁路综合优化设计与仿真分析

非接触磁浮机构输出力的计算公式为

$$F = BIL\sin\alpha \tag{4.1}$$

式中,B 为激励线圈上有效作用线圈所在位置的磁感应强度,T;I 为激励线圈所通过电流大小,A;L 为激励线圈上有效作用线圈的总长度,m;α 为电流方向与磁场方向的夹角。磁感应强度 B 由磁铁架和激励线圈的结构形式决定;电流 I 由程控精密功率放大器决定;线圈长度 L 由激励线圈的结构形式决定;夹角 α 则由实际工作中激励线圈与磁铁架的相对位置决定。

所设计非接触磁浮机构的三维模型如图 4.3 所示,对正安装后,激励线圈的中心与磁铁架工作气隙的中心相重合。非接触磁浮机构可根据实际需要设置安装孔和螺纹孔等与控制目标设备相连接。进行安装时,可如图 4.4 所示将磁铁架通过螺钉等与所要控制的敏感设备固连;将激励线圈通过安装孔与卫星等基础设备进行固连,这样在工作过程中可在所要控制敏感设备与基础设备间产生相互垂直的二维作用力,满足所要控制设备与基础设备间的无接触链接。根据实际控制需要,磁铁架和激励线圈也可以互换位置进行安装,亦可采用多组非接触磁浮机构组合使用,实现对敏感设备的多自由度控制。

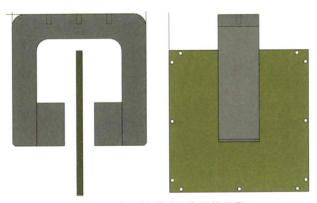

图 4.3　非接触磁浮机构三维模型

基于等效电路原理和等效磁化强度法对磁铁架所设计的面极式双磁源结构磁铁架如图 4.5 所示。所设计磁铁架的闭合磁路中间具有缺口作为工作气隙,实际工作中激励线圈位于上述缺口中。

首先对于本设计非接触磁浮机构分析磁钢匀强磁场设计情况,建立非接触磁浮机构的局部磁场模型,如图 4.6 所示。

在一维假设下,即假设永磁体为一维线状,线状左右两侧为,s 是源点,R 是场点,H 为非接触磁浮机构两个磁钢(磁体两极)的工作长度。线永磁体上每一个线元在空间某点的矢势为

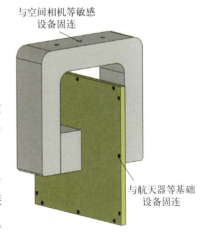

与空间相机等敏感
设备固连

与航天器等基础
设备固连

图 4.4　机构安装示意图

$$\mathrm{d}\boldsymbol{A} = \frac{1}{4\pi\varepsilon_0 c^2}\mathrm{d}\frac{\boldsymbol{\mu}\times\mathbf{e}_R}{\boldsymbol{R}^2} \tag{4.2}$$

式中,$\boldsymbol{A}$ 表示线永磁体的磁矢势;ε_0 表示介电常数张量;c 表示光速;$\mathbf{e}_R$ 表示源点到场点的单位矢量。

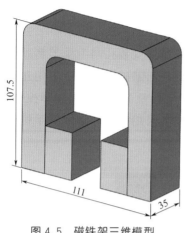

图 4.5　磁铁架三维模型

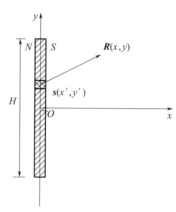

图 4.6　局部磁场分布图

一维情况下:

$$\mathrm{d}\boldsymbol{\mu} = I\,\mathrm{d}l\,\mathbf{e}_x$$

$$R^2 = x^2 + (y-y')^2$$

$$\mathbf{e}_R = \frac{x}{\sqrt{x^2+(y-y')^2}}\mathbf{e}_x + \frac{y-y'}{\sqrt{x^2+(y-y')^2}}\mathbf{e}_y$$

得到任意一点磁场表达式:

$$
\begin{aligned}
\mathrm{d}\boldsymbol{A} = {} & \frac{I\mathbf{e}_x}{4\pi\varepsilon_0 c^2}\left\{\frac{y-H/2}{[x^2+(y-H/2)^2]^{3/2}} - \frac{y+H/2}{[x^2+(y+H/2)^2]^{3/2}}\right\} \\
& + \frac{I\mathbf{e}_y}{4\pi\varepsilon_0 c^2}\left\{\frac{x}{[x^2+(y-H/2)^2]^{3/2}} - \frac{x}{[x^2+(y+H/2)^2]^{3/2}}\right\}
\end{aligned}
\tag{4.3}
$$

又有

$$\boldsymbol{B} = \boldsymbol{\nabla}\times\boldsymbol{A}$$

同理,两个相互平行的平板型磁钢,它们之间任一点磁场表达式为

$$
\begin{aligned}
\boldsymbol{B} = {} & \frac{I\mathbf{e}_x}{4\pi\varepsilon_0 c^2}\left\{\frac{y-H/2}{[x^2+(y-H/2)^2]^{3/2}} - \frac{y+H/2}{[x^2+(y+H/2)^2]^{3/2}}\right\} \\
& + \frac{I\mathbf{e}_x}{4\pi\varepsilon_0 c^2}\left\{\frac{y-H/2}{[(x-\Delta)^2+(y-H/2)^2]^{3/2}} - \frac{y+H/2}{[(x-\Delta)^2+(y+H/2)^2]^{3/2}}\right\} \\
& + \frac{I\mathbf{e}_y}{4\pi\varepsilon_0 c^2}\left\{\frac{x}{[x^2+(y-H/2)^2]^{3/2}} - \frac{x}{[x^2+(y+H/2)^2]^{3/2}}\right\}
\end{aligned}
$$

$$+\frac{I\mathbf{e}_y}{4\pi\varepsilon_0 c^2}\left\{\frac{x-\Delta}{[(x-\Delta)^2+(y-H/2)^2]^{3/2}}-\frac{x-\Delta}{[(x-\Delta)^2+(y+H/2)^2]^{3/2}}\right\}$$

$$(4.4)$$

当 $H\gg y$ 时,式(4.4)可以简化为

$$\begin{aligned}\boldsymbol{B}=&\frac{I\mathbf{e}_x}{4\pi\varepsilon_0 c^2}\left\{\frac{-H/2}{[x^2+(-H/2)^2]^{3/2}}-\frac{+H/2}{[x^2+(H/2)^2]^{3/2}}\right\}\\
&+\frac{I\mathbf{e}_x}{4\pi\varepsilon_0 c^2}\left\{\frac{-H/2}{[(x-\Delta)^2+(-H/2)^2]^{3/2}}-\frac{+H/2}{[(x-\Delta)^2+(H/2)^2]^{3/2}}\right\}\\
&+\frac{I\mathbf{e}_y}{4\pi\varepsilon_0 c^2}\left\{\frac{x}{[x^2+(-H/2)^2]^{3/2}}-\frac{x}{[x^2+(H/2)^2]^{3/2}}\right\}\\
&+\frac{I\mathbf{e}_y}{4\pi\varepsilon_0 c^2}\left\{\frac{x-\Delta}{[(x-\Delta)^2+(-H/2)^2]^{3/2}}-\frac{x-\Delta}{[(x-\Delta)^2+(H/2)^2]^{3/2}}\right\}\end{aligned}$$

$$(4.5)$$

式中,Δ 表示磁浮机构两个磁钢之间的横向间隙。根据式(4.5)可得,磁感应强度
与 y 轴方向位移无关,即沿 y 轴方向,磁场可以看作匀强磁场。

下面对设计的磁铁架构型进行仿真分析,图 4.7 为磁铁架磁路的仿真云图,包
括三维磁感应强度云图和各轴组成的平面二维磁感应强度云图。如图 4.8 所示,
可将工作气隙中的磁场划分为主磁场、中间磁场和外围磁场,其中主磁场是磁铁架

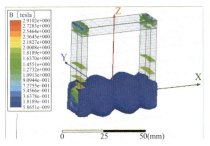
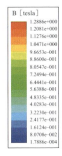
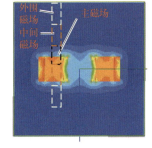

(a) 三维磁感应强度云图　　　　　　　(b) XOY 面二维磁感应强度云图

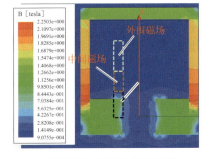
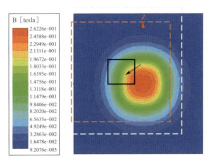

(c) XOZ 面二维磁感应强度云图　　　　(d) YOZ 面二维磁感应强度云图

图 4.7　磁铁架磁路仿真

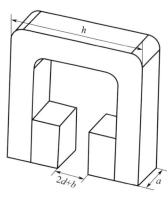

图 4.8　磁铁架主要设计参数

所产生的作用于主作用线圈进而产生所要洛伦兹力输出的主作用磁场,设计期望是工作气隙主磁场中具有强且均匀的气隙磁场,这将有利于高精度作用力的产生,同时减少相对位置所引入的输出力波动。中间磁场相对较弱,作用在主作用线圈和外围线圈之间,中间磁场产生的效果与主磁场相同,可提高激励器输出力的大小。外围磁场主要作用在外围绕制线圈上,外围磁场与外围绕制线圈所产生的作用力的方向与主作用力方向相反,会减小输出力并引入波动,因此在设计中,应尽量减弱外围磁场的强度。

经分析可知,针对工作气隙强而均匀主磁场的设计,如图 4.8 所示,本设计磁铁架的关键设计参数包括磁铁架厚度 a(对应工作气隙横截面边长)、气隙磁场的单边磁场间隙 d(总气隙为 $2d+b$,其中 b 为激励线圈厚度)以及磁铁架的宽度 h。而磁铁架的长度主要受激励线圈大小影响。

在保证磁铁架磁通未饱和的情况下,仅改变单一变量具体分析上述三个参数对工作气隙磁场的影响,从而对磁铁架所形成的闭合磁路进行优化。

对于工作气隙磁场的优劣,选取平均磁感应强度 B_m 和气隙磁场的波动值 V_b 作为评价指标。假设激励线圈有 n 根线圈位于外围磁场以内,同时因为绕制的需要有 m 根线圈位于外围磁场中,将激励线圈所受的平均磁感应强度 B_m 如式(4.6)所示进行计算,定义为所有位于外围磁场以内的作用线圈所受的磁感应强度平均值总和 $\sum_1^n B_a$ 与所有位于外围磁场中的外围线圈所受的磁感应强度平均值总和 $\sum_1^m B_b$ 的差值与作用线圈的根数 n 相除所得到的值。进一步,如图 4.9 所示,以工作气隙中心为原点建立磁铁架坐标系 $O\text{-}XYZ$,并依次计算激励线圈中心位于坐标系上 $O\sim G$ 各点对应的磁感应强度平均值 $B_{mO}\sim B_{mG}$,气隙磁场波动值 V_b 定义为上述各位置平均值中的最大值 B_{mmax} 与最小值 B_{mmin} 的差值与平均值 B_{mave} 的比值。

$$B_m = \frac{\sum_1^n B_a - \sum_1^m B_b}{n}$$

$$V_b = \frac{B_{mmax} - B_{mmin}}{B_{mave}} \times 100\%$$

(4.6)

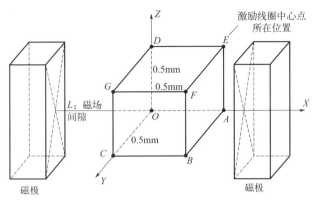

图 4.9　工作气隙坐标系及仿真计算点示意图

4.1.2　二维精密激励线圈最优拓扑设计与仿真分析

4.1.2.1　多层激励线圈设计

有别于图 4.10(a)所示的传统激励线圈采用手工绕制,本设计激励线圈内部作用线圈如图 4.10(b)所示,采用 PCB 电路板制板工艺进行设计制造,具有走线精确、紧凑,正交性好等优点,不仅有利于提高激励线圈工作效率,同时减小了二维输出力的耦合与波动。

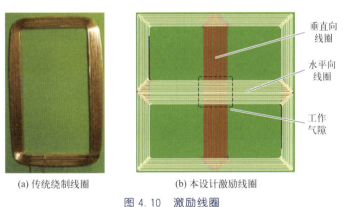

(a) 传统绕制线圈　　　　(b) 本设计激励线圈

图 4.10　激励线圈

线圈的具体绕制方案根据具体磁路机构各不相同,本设计根据磁铁架结构及二维力输出的需要,如图 4.10(b)所示各向线圈均采用"日"字形绕制方案,图中虚线方框所示区域对应磁铁架横截面所形成的工作气隙,位于工作气隙部分线圈为主作用线圈,用于产生所需输出力;四周为外围线圈,受外围磁场的漏磁影响,会抵消输出力,增大输出力波动。如图 4.11 所示,激励线圈由多层线圈构成,且水平和垂直向线圈依次独立正交间隔排列在各层。对垂直和水平向线圈分别通电流后,可分别产生相互垂直的水平和垂直向作用力输出。

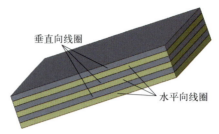

垂直向线圈

水平向线圈

图 4.11　多层激励线圈

4.1.2.2　二维激励线圈的最优拓扑结构研究

对于激励线圈的结构,其研究内容主要有单层线圈的绕制方式,主作用线圈的长度和匝数,线圈间的相互排列,多层线圈之间的空间分布等。

大体上,激励线圈的绕制方式可如图 4.12 所示,分为串联式和并联式,相较而言,并联式具有较小的功耗,但串联式激励线圈的各匝线圈的控制电流更为精确,所需的总控制电流亦较小。串联式绕制方案同样可进一步分为不同的绕制方案,本设计采用双回路"日"字形绕制方案,在牺牲部分功耗的情况下得到了更好的输出力精度。当然,在总电流较小且匝数较少的情况下亦可以考虑采用并联式绕线方案。

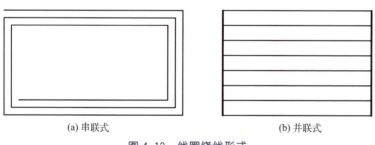

(a) 串联式　　　　　　　　　　　　(b) 并联式

图 4.12　线圈绕线形式

值得注意的是,激励线圈结构的设计很大程度上与磁铁架的设计是相辅相成、互为影响的。因此,在对激励线圈的结构进行设计的同时,亦需对磁铁架进行相应的设计修改。而线圈间的相互排列及空间分布主要是要参考工作气隙磁场中磁感应强度的空间分布,目标是使激励线圈在空间运动范围内具有较强的磁场强度和较小的波动。当然,由于本设计采用 PCB 板制板工艺进行设计制造,使得各线圈在空间上可以精确、紧凑排列,故其他设计参数相较于主作用线圈的长度和线圈宽度对机构输出力的影响较小。

4.1.2.3　参数优化与仿真分析

对于激励线圈拓扑结构的优化,由于线圈的绕制方式、激励线圈横截面面积、

激励线圈所通过电流等其他参数在设计
前根据以往经验及现有条件已确定,如
图 4.13 所示,这里仅对主作用线圈的有
效作用长度 l 和宽度 w 进行优化分析。

图 4.14 与图 4.15 所示为磁场强度波
动值 V_b 与作用线圈长度的关系曲线,从
图中不难看出,在所分析的线圈长度范围
内,随着有效作用线圈长度 l 的增加,磁场
强度的波动值不断减小。当然考虑到作
用线圈越长,则激励线圈线路板越大,磁
铁架的重量也相应地越大。

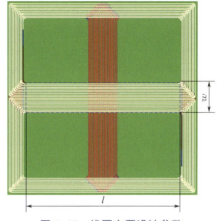

图 4.13　线圈主要设计参数

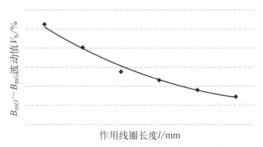

图 4.14　不同作用线圈长度对应 V_b 曲线

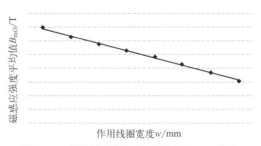

图 4.15　不同作用线圈宽度对应 B_{mO} 曲线

综合分析,同时也需要考虑控制电流精度的设计要求,因为过小的电流亦不利
于电流其本身的精密控制,合理设计激励线圈设计方案。在获得所需磁感应强度
的同时,使得控制的电流、功耗及波动值等均相对较小。

4.1.3　小体积低噪声精密功率放大器方案

本方案的电流指令通过 RS422 总线给出,为此本方案的控制部分设置一个
MCU(微控制单元),通过此 MCU 和选定的 DAC 芯片,将 RS422 形式的指令信号

转化为 DAC 芯片的电压输出，并通过电压/电流（V/I）转换电路，产生实际的音圈电机驱动电流。与此同时，在主电路中串联电流采样电阻，通过选用的高精度 ADC（模拟数字转换器）读取采样电阻两端电压，推算出实际的工作电流，在需要时通过 RS422 总线发送给上位机。总体方案方框图如图 4.16 所示。

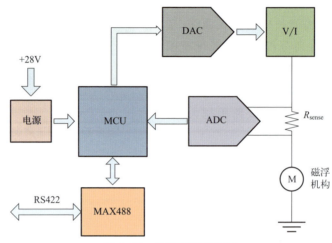

图 4.16　总体方案方框图

本节小体积低噪声精密功率放大器设计方案各模块选型如下：

① 电压/电流变换单元设计：电压/电流转换单元采用电路简洁、转换精度高的 Howland 电流源；根据控制电流高精度的要求，采用集成的差分放大器 INA133 来获得更高的性能；为了扩大 INA133 的电流输出能力，采用 LME49600 缓冲器与 INA133 的输出级串联。

综上所述，电压/电流变换单元设计电路方案如图 4.17 所示。

② DAC 选型：依据方案要求的输出电流范围为 0～50mA，分辨电流 20μA。可得出 DAC 输出分辨率 N：

$$N = \log_2\left(\frac{50\mathrm{mA}}{20\mu\mathrm{A}}\right) = 11.3 \tag{4.7}$$

由式（4.7）可知，实际 DAC 分辨率不低于 12bit 即可达到要求。但是环境干扰、噪声以及 DAC 芯片自身的涨落现象会降低 DAC 的有效位数，故选用分辨率为 18bit 的 DAC9881，其最差情况下相对精度亦可达 16bit。

③ ADC 与电流反馈前端电路：ADC 位数的选取和 DAC 的一样，选取 18 位的 SAR 型 ADC——ADS8885。根据驱动运放的小信号带宽、输入信号噪声等要求，模拟前端拟采用 PGA280 仪表放大器芯片。PGA280 的增益带宽积较大，宽带噪声也很小。

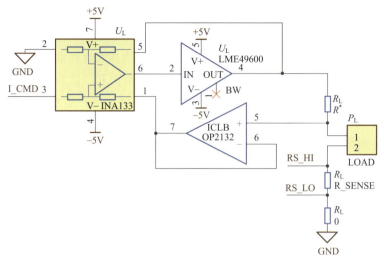

图 4.17　电压/电流变换单元设计电路方案

通过上述的高精度程控精密功率放大器方案设计与元件的选择,保证浮体式卫星平台非接触磁浮机构的满足控制精度并结合其方案的要求,设计方案的输出电流误差优于 0.5‰。

读者可根据实际情况选取合适的产品型号以满足卫星指标需求。

4.1.4　高带宽非接触磁浮机构方案

非接触磁浮机构的原理如图 4.18 所示,在磁铁架上安装有永磁体,其产生的磁

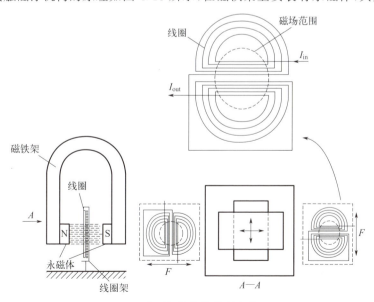

图 4.18　磁浮机构的洛伦兹力原理图

场穿过固定在底座上的线圈架。线圈架由两组线圈构成,其中一组在磁场范围内沿水平向绕制,另一组在磁场范围内沿竖直向绕制。当两组线圈中分别通入电流后,将分别产生竖直和水平方向的洛伦兹力,可动磁铁架受力做竖直和水平方向运动。

磁钢相对于线圈处于平衡位置时,通电流后水平向和竖直向推力线圈分别在磁场中的受力情况见图4.19,其中左图(a)中的黄色箭头为产生水平力线圈的电流方向,图(b)中的红色箭头为产生竖直力线圈的电流方向。假设磁场方向垂直纸面向外,则线圈各个位置产生的作用力分别如图4.19所示。

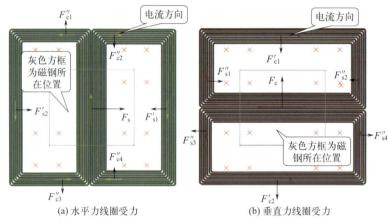

图4.19　磁钢相对线圈在平衡位置时各线圈位置的受力图

图4.20所示为磁钢相对于线圈处于极限位置时,通电流后在磁场中线圈受力的情况。其中黄色箭头为产生水平力线圈的电流方向,红色箭头为产生竖直向推力线圈的电流方向。假设磁场方向垂直纸面向外,则上述线圈各个位置的受力如图4.20所示。

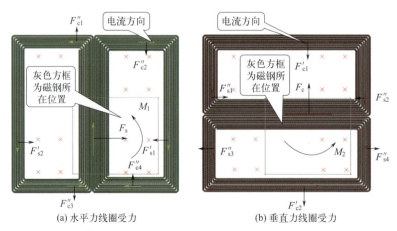

图4.20　磁钢相对线圈在运动到极限位置时各线圈位置的受力图

图 4.21 所示为两层线圈叠加后与磁钢的相对位置图,此时磁钢相对线圈处于中间平衡位置。图中以水平主作用力线圈的电流方向作为纵坐标的方向,以垂直主作用力线圈的电流方向作为横坐标的方向,以上述两方向线圈中心的交点作为原点建立笛卡儿坐标系,则此时图中所示磁钢的中心位置为(0mm,0mm)。

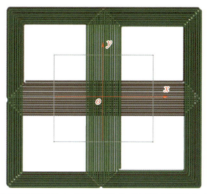

图 4.21　根据作用线圈中心及电流方向所建磁钢中心位置坐标系

综上所述,非接触磁浮机构的方案如图 4.22 所示。

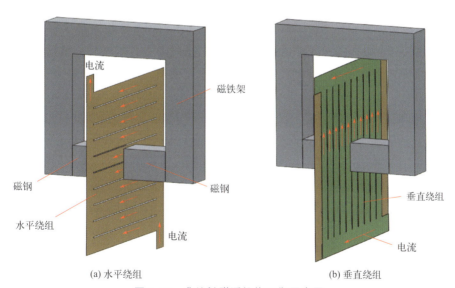

(a) 水平绕组　　　　　　　　　(b) 垂直绕组

图 4.22　非接触磁浮机构工作示意图

4.2　大力矩快响应磁悬浮控制力矩陀螺

相比传统接触式卫星控制方法,采用主从协同解耦控制实现浮体式卫星敏捷控制,有效降低了敏捷机动对控制力矩陀螺的精度要求,但是对控制力矩陀螺提出了大力矩、快响应的要求。本书中浮体式卫星执行机构采用一种新型的姿态控制执行机构磁悬浮控制力矩陀螺。

4.2.1 总体结构方案设计

磁悬浮控制力矩陀螺主要由磁悬浮高速转子系统(陀螺房)和框架伺服系统组成。磁悬浮控制力矩陀螺工程样机需要考虑空间环境、高速转子陀螺效应和不平衡力矩、动框架效应和重力等对系统的要求。总体采用工程化和模块化的设计思想,陀螺房作为一个整体,两端通过安装法兰与框架伺服系统框架轴连接,并通过框架伺服系统提供与卫星的机电接口。

磁悬浮高速转子由高速转子、磁轴承、驱动电机、锁紧/解锁装置、控制器五部分组成。高速转子设计成扁平圆盘形状以获取较大的惯量-质量比。转子除绕惯性主轴的旋转自由度外,其余的五个自由度均由低功耗混合磁轴承实现无接触稳定悬浮(也称为五轴混合磁轴承转子系统),传感器采用集成一体化电涡流位移传感器。采用基于分散 PID 的交叉解耦控制方法抑制高速转子的陀螺效应;采用基于框架角速率的前馈校正对动框架效应加以补偿。选择机械轴承作为保护轴承,防止掉电或失稳时损坏系统,同时为磁轴承调试和系统不工作时提供辅助支承作用。高速转子驱动电机采用 2 对极高速无铁芯永磁无刷直流电机。根据系统的工作环境和可靠性要求,锁紧/解锁装置采用可重复使用的电磁锁紧/解锁机构。

框架伺服系统采用无减速器的直接驱动方案,主要由力矩电机、角位置传感器、导电滑环、框架轴、框架轴承、框架支承体(简称框架体)等部件构成。力矩电机和角位置传感器通过框架轴与磁悬浮飞轮连接,通过框架轴承支承在框架体上,通过导电滑环实现信号和能量的传输。力矩电机选择无齿槽的永磁无刷直流电机。位置传感器采用 32 对极无接触旋转变压器,测量磁悬浮飞轮的角位置,并经差分后获取角速率信息。

驱动控制器包括高速驱动电机控制器、磁轴承控制器和框架伺服控制器以及线路盒。

据上述总体方案,磁悬浮控制力矩陀螺主要由磁悬浮高速转子系统(磁悬浮转子系统和高速驱动电机系统)和框架伺服系统组成,系统组成如图 4.23 所示。

图 4.24 为磁悬浮控制力矩陀螺总体方案示意图,主要由磁悬浮支承系统、高速转子系统和框架伺服系统三个子系统构成,其中前两部分构成陀螺房(磁悬浮高速转子系统)。此方案在原理样机的基础上新增了锁紧机构、球形框架并实现了部分电路内置。系统的原理是由磁悬浮高速转子提供角动量,根据卫星姿态控制信号,通过框架伺服系统控制高速转子角动量的方向,从而输出陀螺力矩来控制卫星的姿态。系统各组成部分的功能如下:

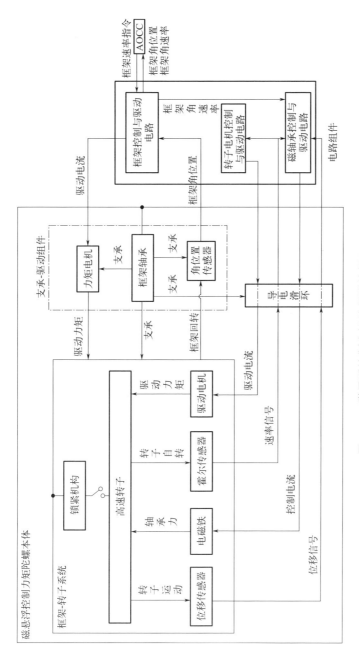

图 4.23　磁悬浮控制力矩陀螺系统框图

AOCC—姿态和轨道控制计算机

① 磁悬浮支承系统:实现高速转子的高稳定性、高精度支承和输出陀螺力矩。

② 高速转子系统:保证转子的稳速精度,实现大角动量。

③ 框架伺服系统:通过改变角动量方向实现与卫星进行角动量交换,调整卫星姿态。

④ 框架伺服控制系统:用于双框架磁悬浮控制力矩陀螺上述三个子系统的控制。

⑤ 锁紧机构:当卫星处于发射段时,锁紧装置将飞轮锁紧;在轨运行段则解除飞轮原有的锁紧关系,使飞轮转子处于自由状态便于悬浮。

⑥ 正弦波力矩电机:驱动框架轴,控制磁悬浮高速转子角动量的方向,从而输出陀螺力矩控制卫星姿态。

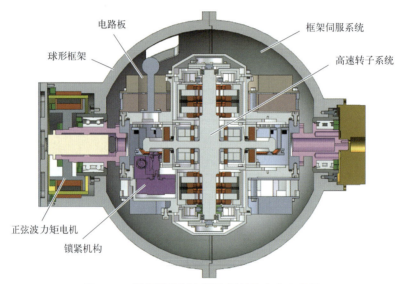

图 4.24 磁悬浮控制力矩陀螺总体方案示意图

4.2.2 高速转子系统设计

高速转子系统是磁悬浮控制力矩陀螺系统的关键部件之一,决定了系统的寿命、精度、角动量等主要性能参数。由于磁轴承实现了无接触稳定支承,具有无摩擦和磨损、寿命长和精度高等优点,是高速转子的理想支承部件。为减小磁轴承的功耗和体积,采用永磁偏置的径向混合磁轴承和轴向混合磁轴承技术支承高速转子的五个自由度;为突破总体集成的技术瓶颈,采用传感器探头、处理电路等集成一体化的径向电涡流位移传感器和轴向电涡流位移传感器作为磁轴承系统的传感器;为减小驱动电机的功耗,采用基于空心杯绕组的无定子铁芯永磁无刷直流高速电机作为驱动电机。

磁悬浮高速转子系统结构方案如图 4.25 所示。

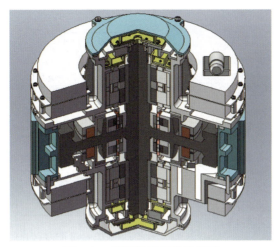

图 4.25　高速转子系统结构图

磁悬浮高速转子系统中各部分的主要功能如下：

① 高速转子：高速旋转，提供角动量；

② 高速驱动电机：驱动转子，高速稳定旋转；

③ 径向磁轴承：实现高速转子径向方向的稳定和悬浮，并输出陀螺力矩；

④ 轴向磁轴承：实现高速转子轴向方向的稳定悬浮；

⑤ 轴向传感器：探测磁悬浮高速转子的径向位移和振动信号；

⑥ 径向传感器：探测磁悬浮高速转子的径向位移及其振动信号，同时根据转子的同频振动信号观测转子的转速；

⑦ 陀螺房：包括左陀螺房、中陀螺房和右陀螺房，起安全防护、密封并提供机电接口的作用；

⑧ 锁紧机构：当卫星处于发射段时，锁紧装置将飞轮锁紧；在轨运行段则解除飞轮原有的锁紧关系，使飞轮转子处于自由状态便于悬浮；

⑨ 电路板：用于 SGCMG（单框架控制力矩陀螺）磁悬浮支承系统、高速转子驱动系统以及框架伺服系统的控制。

4.2.2.1　磁悬浮高速转子集成优化设计

磁悬浮高速转子主要由高速转子体、径向磁轴承转子组件、位移传感器探测体和高速驱动电机转子部分组成，它的质量、静力学和动力学性能直接影响系统的整体性能（如系统的功耗、振动情况及可靠性等），因此需要对其进行优化设计。

以多学科设计优化软件 iSIGHT 为平台，并集成大型通用有限元分析软件 ANSYS 的静力学和动力学分析模块，以高速转子为分析对象，以质量为优化目标，在满足强度、一阶弹性共振频率、极转动惯量、几何尺寸、形状和控制系统等多学科约束条件下进行了优化设计。其优化设计流程如图 4.26 所示。

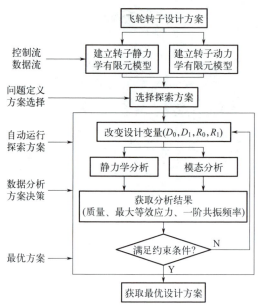

图 4.26   磁悬浮转子的优化设计流程图

4.2.2.2   高性能永磁偏置磁轴承的优化设计

磁轴承是磁悬浮控制力矩陀螺区别于机械控制力矩陀螺的根本标志。磁悬浮控制力矩陀螺对磁轴承的基本要求是高稳定性、高精度、低功耗、小体积重量,永磁偏置磁轴承优化设计的核心就是在这四方面中找到合理的折中。一定范围内,永磁偏置磁密越强、位移负刚度绝对值越大,其电励磁功耗就越小,但磁轴承的稳定域也越小,即稳定性变差,同时控制系统在补偿永磁力的前提下抑制转子不平衡振动的难度也会增大,即控制的精度下降;相同承载力前提下,铁芯体积越小,铁芯磁密越高,则铁耗越大。总的说来,磁轴承的刚度是磁轴承一个重要的指标,也是磁轴承优化设计的一个重要参数。合理选择磁轴承的刚度,可以使磁轴承在稳定性、精度、功耗、体积重量方面取得合理的折中。

对于径向磁轴承与轴向磁轴承,其优化设计的思路并无本质区别,均是根据技术指标确定相关参数,然后根据永磁体体积最小确定其他参数,进而根据电流密度确定线圈的线径。永磁偏置混合磁轴承设计的一般流程如图 4.27 所示。

对这类径向磁轴承进行磁路分析与设计时,通常采用场路结合的方法,采用磁路分析的方法简单方便,该类径向混合磁轴承的磁路图分析虽然简单,但是通常忽略漏磁、铁芯饱和等影响,因而计算不尽准确,故在分析中还要通过有限元进行准确计算,如图 4.28 所示。

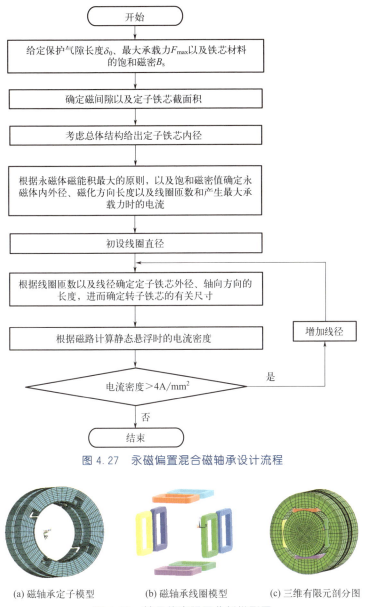

图 4.27　永磁偏置混合磁轴承设计流程

(a) 磁轴承定子模型　　　(b) 磁轴承线圈模型　　　(c) 三维有限元剖分图

图 4.28　轴承的有限元分析模型图

　　磁轴承尺寸设计完毕之后,可以近似计算磁轴承各个部分的磁密,然后根据经验公式计算有关损耗。磁轴承涡流损耗在整个控制力矩陀螺的高速转子系统中占有相当大的部分,因而减小涡流损耗具有重要意义。为了提高计算的准确程度,需用有限元分析软件 ANSYS 进行磁轴承磁场分析,然后通过计算得出漏磁系数以及涡流损耗,其具体步骤如图 4.29 所示。

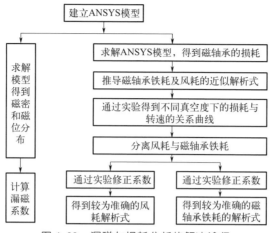

图 4.29　漏磁与损耗分析的解决途径

4.2.2.3　高性能永磁无刷驱动电机优化设计

高速、高效永磁无刷驱动电机是控制力矩陀螺高速转子系统的核心部件之一,提高转子转速是减小控制力矩陀螺体积重量的主要手段之一。为了减小电机损耗,同时减小体积,实现高转速,必须对电机进行优化设计,为减小铁芯涡流损耗,采用空心杯绕组,无定子铁芯结构,这可以使得永磁体相对于电机铁芯之间没有相对运动,因而可以大大降低涡流损耗。为了消除电机齿槽转矩对电机产生的脉动转矩,采用无齿槽结构。但是由于无齿槽,因而气隙很大,气隙磁密较低。为了提高功率密度,势必要增加电机体积,可以采用诸如硅钢或者其他磁导率高、饱和磁密高、矫顽力低的材料(如 1J22 等)以提高铁芯材料的饱和磁密,从而达到减小铁芯体积的目的,还可以采用新型磁体 Halbach 结构减小铁芯轭部体积,因而设计时需要综合考虑。

另一方面,在电机电源电压一定的前提下,由额定转速指标就基本确定了电机的反电势系数;而电机的力矩系数与反电势系数又是有一固定比值关系的,故相应力矩系数也就确定了。目前采用升压-斩波的电机控制方法,即电机的母线电压是可以超过电源电压的若干倍的,这就为电机的优化设计拓展了空间。由于电机的力矩系数与电机的功耗之间的关系是:力矩系数越大,则在电机稳速时,电枢电流就越小,电枢铜耗就越小;同时电流纹波也会相应减小,则电枢电流在电机永磁体与铁芯中产生的铁耗也会减小。而增大电机力矩系数有两个途径:增大转子永磁磁场的强度或永磁磁场的有效轴向长度,增大绕组的匝数。其结果都会导致电机体积的增大。合理选择电机母线控制电压,设计相应的反电势系数与力矩系数,使得电机在功耗与体积两方面取得较理想的折中。

另外,由于要实现控制力矩陀螺体积小的目标,永磁偏置混合磁轴承(包括径向磁轴承和轴向磁轴承)与电机之间的距离相对比较近,因而其磁路存在相互影响的可能,故需要采取有效的磁屏蔽措施。采用良好的导磁材料以实现磁屏蔽的目的,具体方法是选用磁导率高、矫顽力低的软磁材料置于电机铁芯周围,为了有效减小涡流损耗并且减小磁轴承体积,该软磁材料的厚度需要有一定的限制,这可以通过有限元软件(如 ANSYS)进行分析,然后得出较为合理的软磁材料的厚度。这样可以有效避免电机磁场与磁轴承磁场之间的相互影响,以达到磁屏蔽的目的。具体设计流程图如图 4.30 所示。

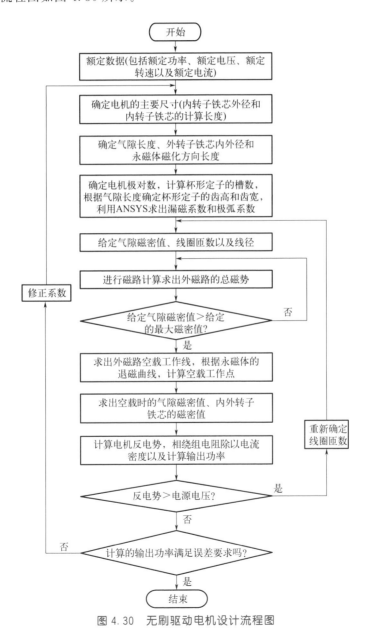

图 4.30　无刷驱动电机设计流程图

4.2.3 锁紧机构设计

卫星在发射段时存在强烈的振动和冲击,对于机械轴承支承的磁悬浮高速转子定子和转子之间不存在间隙,可通过机械轴承承受振动和冲击,因此不需要锁紧装置;对于磁悬浮高速转子,由于通过磁轴承实现磁悬浮高速转子定子和转子之间的非接触稳定悬浮,磁悬浮高速转子定子和转子之间存在一定的间隙,因此在卫星主动段时需要锁紧装置保护磁悬浮转子系统,而当磁悬浮控制力矩陀螺正常工作时,还需要消除原有的锁紧关系。所以,磁悬浮控制力矩陀螺需配备锁紧和释放装置。锁紧/解锁机构设计要综合考虑体积、重量、功耗等要求,同时还需要根据功能需要考虑是否可重复使用。

本章设计的锁紧方案为"钢丝绳-弹片"锁紧机构方案,如图 4.31 所示,具体为锁紧片固定安装于中陀螺房的一端(靠近右陀螺房),而驱动部件固定安装于左陀螺房中。一方面,可缩小左、右两个陀螺房与飞轮转子的距离;另一方面,弹片通过螺钉安装于中陀螺房靠近右陀螺房一侧,能够平衡驱动部件的一部分重量,而且弹片周向的结构布置较容易,所包围的角度大,与驱动部件不容易干涉。另外,驱动部件尺寸较小,特别是减小了锁板尺寸。

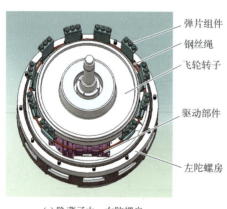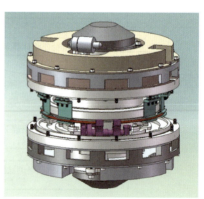

弹片组件
钢丝绳
飞轮转子
驱动部件
左陀螺房

(a) 隐藏了中、右陀螺房   (b) 隐藏了中陀螺房

图 4.31 "钢丝绳-弹片"锁紧装置结构图

图 4.32 是驱动部件的结构图。其中限制锁板绕蜗轮轴的转动自由度,由锁板下端的圆柱体与电机安装座的滑槽限制,而且圆柱体与滑槽组成的移动副接触面积小,锁板左右移动时阻力较小。

图 4.33 是驱动部件中电机轴与蜗杆连接的结构图分析图(剖面图)。蜗杆两端分别由两个深沟球轴承固定,电机轴(形状为削边圆柱)直接插入蜗杆下端的削边圆孔中,由削边部分驱动蜗杆转动,传递动力。

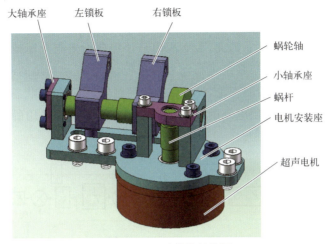

图 4.32　驱动部件结构图

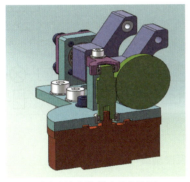

(a) 电机轴与蜗杆的连接结构图　　　　(b) 蜗杆与电机轴连接削边圆孔

图 4.33　电机轴与蜗杆的连接结构图

4.2.4　高动态框架高精度伺服控制系统设计

4.2.4.1　高动态框架超低速高精度控制技术

磁悬浮控制力矩陀螺(CMG)输出力矩精度主要由框架系统、高速电机系统和磁轴承系统决定,其中高速电机系统和磁轴承系统的控制精度影响着角动量方向和大小的精度;而框架伺服系统的角位置指向精度和速率控制精度是影响 CMG 的力矩输出方向和大小精度的重要因素。造成框架角位置指向误差和速率控制误差的主要因素有两个:

① 角位置传感器误差;

② 干扰力矩,主要包括摩擦力矩、电机的力矩波动、高速磁悬浮转子不平衡振动导致的耦合力矩和卫星运动产生的外部干扰力矩。

针对影响框架角速率的三个主要因素进行分析,摩擦力矩为非线性时变量,框架耦合力矩与框架的角速率和角度有关,可间接测量,卫星运动产生的外部干扰力矩也呈现非线性时变特性。因此,为实现磁悬浮控制力矩陀螺框架伺服系统的高精度速率输出,首先对框架系统进行动力学分析,建立框架系统的动力学模型,在此基础上结合"自抗扰"控制理论,设计自抗扰控制器,利用扩张状态观测器估计出干扰力矩,再通过前馈补偿电流的方式来补偿干扰力矩。拟采用的控制器结构图如图 4.34 所示。

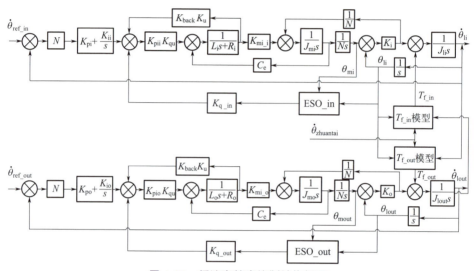

图 4.34　低速高精度控制结构框图

磁悬浮控制力矩陀螺在输出力矩时由于框架之间存在强陀螺耦合力矩,存在运动误差、柔性、非线性摩擦、低阻尼等缺点,这些缺点影响了框架伺服系统的稳定性,降低了系统输出速率精度。

对由各种误差带来的速率波动影响框架输出速率精度的问题,采用了加速度反馈抑制扰动的方法,如图 4.35 所示。通过加速度反馈,可以增加系统的主动阻尼,从而增强系统抑制扰动的能力。

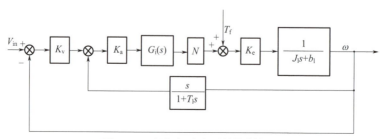

图 4.35　加入加速度反馈控制框图

4.2.4.2　框架伺服系统总体结构

　　框架系统包括框架体、框架轴、陀螺转子系统、力矩电机、旋转变压器、导电滑环和抽气工艺孔,如图 4.36 所示。设计思想上必须适应体积小、重量轻、功耗低、寿命长的航天要求。

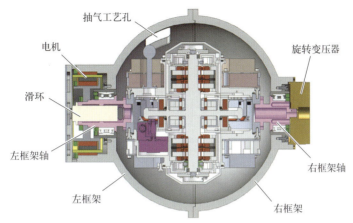

抽气工艺孔
电机
旋转变压器
滑环
左框架轴
右框架轴
左框架
右框架

图 4.36　框架伺服系统结构示意图

　　框架伺服系统的各部分的主要功能如下:

　　① 框架体——主要作用是作为机械支承,提供框架伺服系统、高速转子系统与卫星的机械接口。

　　② 框架轴——实现力矩电机和旋转变压器与陀螺房的连接,通过框架轴承支承在框架体上。

　　③ 力矩电机及数字控制器——驱动框架轴,控制磁悬浮高速转子角动量的方向,从而输出陀螺力矩控制卫星姿态。

　　④ 旋转变压器——探测框架轴的角位置和角速度。

　　⑤ 精密导电滑环——实现信号和能量传输。

　　⑥ 抽气工艺孔——实现陀螺转子的真空工作环境。

4.2.4.3　框架伺服电路方案

　　硬件电路主要包括控制板、驱动板和电源板;控制器的主控芯片为 DSP＋FPGA,传感器采用旋转变压器、线性霍尔传感器和电流传感器分别作为角位置和电流信号的检测元件。DSP＋FPGA 组成的控制器为控制系统的核心,它们分别负责算法运算及逻辑处理,DSP 的型号为 TMS320F28335,FPGA 的型号为A3P125-22PQ208I,同时控制器通过 RS422 与上位机进行通信,接收上位机的指令并向上位机传输框架系统的角位置、角速率及相关控制信息。控制器运算后产生6 路框架 PWM(脉冲宽度调制)控制信号,经电机驱动电路放大后驱动框架力矩电机。电流互感器检测力矩电机绕组电流,每个电机需要检测两相绕组的电流,这两路模拟电流经过运算放大器进行调理及 CD4067 和 AD9243 进行模数转换后送入控制器,完成电流环中的 PID 控制算法。检测框架伺服系统力矩电机的转子角位置信息的传感器是旋转变压器,检测出来的两路粗机、精机角位置,角位置信号经轴角解码芯片 AD2S80A 进行模数转换后送入控制器,完成位置环与速度环中的 PID 控制算法。单框架磁悬浮变速率 CMG 框架伺服系统硬件总体设计方案如图 4.37 所示。

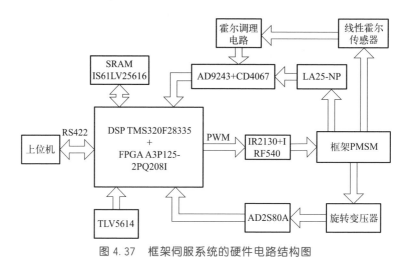

图 4.37　框架伺服系统的硬件电路结构图

所设计的磁悬浮控制力矩陀螺框架伺服系统的控制电路由三块电路板组成:控制板、驱动板和电源调理板。电源调理板的主要功能是实现电平转换和信息的调理;驱动板的主要功能是根据当前电机转子的角位置和电流值来控制三相逆变桥中六个管子的导通和关断;控制板的主要功能是实现控制电平的转换、DSP 和 FPGA 的算法、DSP 和 FPGA 之间的通信、轴角解码功能、模数转换功能、数模转换功能、RS422 通信功能等。

4.2.5　高速直流无刷电机系统设计

高速直流无刷电机系统是磁悬浮控制力矩陀螺的核心部件,驱动高速转子为控制力矩陀螺提供恒定的角动量。高速直流无刷电机的空间应用具有散热条件差、长期连续工作、故障后人工干预能力不足的特点,因此磁悬浮控制力矩陀螺高速转子驱动系统对直流无刷电机本体及其控制系统功耗及可靠性的要求远高于工业领域。

对于磁悬浮控制力矩陀螺来说,其高速转子的弹性支承特性允许转子的转速更高,一般在 $12000\sim30000\mathrm{r/min}$ 之间。为了降低电机本体的铁耗且避免给磁轴承系统增加额外的干扰力矩,需要驱动电机的不平衡磁拉力尽量小,因此其高速转子驱动系统采用了无定子铁芯无齿槽的小电枢电感空心杯电机。虽然说传统的脉宽调制控制方式已普遍应用于各种电机系统,但对于小电枢电感直流无刷电机来说,若采用传统的 PWM 控制方式,电机绕组电流中将产生大量的高频 PWM 谐波,进而产生一定的铁损、铜损、电流集肤效应以及附加的 PWM 开关损耗等,同时,高频、大幅值的电流脉动会大大增加电机铜耗及转子铁耗,因此采用传统的 PWM 控制方式难以实现高速电机系统的低功耗。近年来国内外的研究针对于无铁芯无齿槽空心杯结构的小电枢电感直流无刷电机,采用基于 Buck 变换器(降压式电路变换器)的三相全桥拓扑结构,很大程度上降低了电机本体及控制系统的功耗。

4.2.5.1　高速直流无刷电机稳速控制技术

磁悬浮控制力矩陀螺高速电机的速率控制有多种方法,经典 PID 控制方法和线性二次方程控制需要精确地描述系统动态数学模型,这对于带有未知扰动力矩变化的磁悬浮控制力矩陀螺高速电机系统可能是一个主要限制因素。而且电机的端部效应和永磁体磁链谐波等将产生力矩扰动,系统参数的变化、阻尼力矩的非线性变化以及状态的观测噪声等都会影响输出力矩精度。

根据图 4.38 所示的基于 Buck 变换器的无刷直流电机等效电路,采用状态空间平均法,建立包含 PWM Buck DC-DC 功率变换器的电机系统模型。

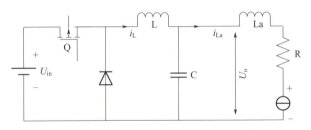

图 4.38　基于 Buck 变换器的电机等效电路

在此基础上,提出一种速率模式非线性协同控制方法,如图 4.39 所示,对控制律中的不确定扰动力矩项进行了符号化处理,提高磁悬浮控制力矩陀螺输出力矩精度,增强系统对随机力矩扰动的鲁棒性。

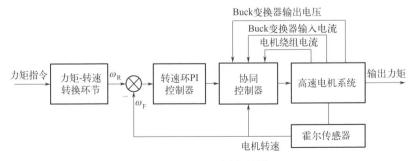

图 4.39　PI 协同控制系统框图

磁悬浮控制力矩陀螺力矩输出精度取决于高速大惯量转子驱动电机高速高稳定度地运行,为此可采用基于 DSP 的全数字软件锁相环控制,以满足系统在指定转速下高稳速精度的要求。采用基于自适应软件锁相环的高精度稳速控制方法,可以通过全数字控制实现高速永磁无刷直流电机速度的高精度控制。

锁相环主要由鉴频鉴相器(PFD)、环路滤波器(LF)和压控振荡器(VCO)组成。电机锁相环结构如图 4.40 所示,增益自适应锁相环主要由鉴相器、环路滤波器、自适应比例增益、转矩控制器、直流无刷电机及霍尔位置传感器构成。其中转矩控制器、直流无刷电机和霍尔位置传感器在自适应锁相环中起到了压控振荡器的作用。直流无刷电机相当于一个二阶系统,因此锁相环系统相当于一个三阶系统。该系统有三个极点,因此必须指定带有一个零点的滤波器作为环路滤波器,否则闭环传递函数的相位在更高频的时候将超过 180°,系统将变得不稳定。选择有源比例积分滤波器作为环路滤波器。对于控制力矩陀螺的高速转子来说,由于是大惯量系统,所以为了提高力矩响应,在锁相环内串入电流环。但是由于 PFD 的饱和鉴频特性,单纯依靠 PFD 进行调速,电机的动态响应并不好。

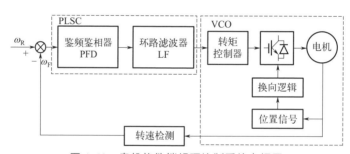

图 4.40　电机软件锁相环控制系统方框图

本系统采用锁相环和高精度转速跟踪控制方法相结合的双模速度控制系统,双模控制既可以获得良好的动态性能,又有高的稳态精度,可以实现磁悬浮控制力矩陀螺高速转子的快响应调速技术。双模控制系统整体控制框图如图 4.41 所示。

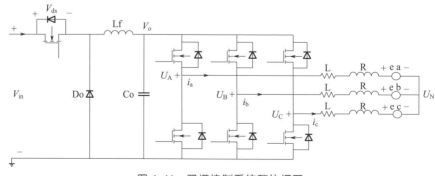

图 4.41　双模控制系统整体框图

4.2.5.2　高速直流无刷电机控制系统硬件电路设计

高速电机控制系统硬件主要包括控制、驱动、电源供电三部分。其中,控制主要包括由 DSP＋FPGA 组成的数字控制器,作为控制系统的核心主要负责算法运算及逻辑处理。控制器还包括两组通信模块,一组通过 RS422 与磁轴承控制系统进行通信,为磁轴承控制系统提供高速电机转速等核心信息,另一组通过 CAN 与上位机通信,接收上位机指令并上传电机运行状态信息。高速电机转子位置通过 Hall 开关元件检测,位置信息输入控制器后产生换相信息,经驱动电路放大后驱动电机运行。高精度电流采样电阻检测电机直流母线电流,并经信号调理电路处理后送入 AD 模块进行模数转换,进而由控制器完成电流环的闭环控制。控制器同时可由 Hall 信号计算转速,并经过转速控制算法完成转速闭环控制。磁悬浮 CMG 高速电机系统硬件总体设计方案如图 4.42 所示。

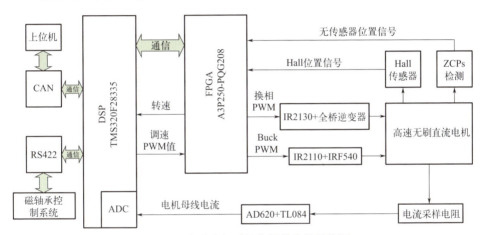

图 4.42　高速电机系统的硬件电路结构图

ZCPs 检测—过零点检测

所设计的 CMG 高速电机系统的控制电路由三块电路板组成:电源板、驱动板和控制板。电源板主要实现电平转换,为不同电压需求的元件提供工作电压;驱动板的主要功能是根据控制器提供的换相信息控制三相逆变桥通断以实现电机换相,根据电机调速需要控制 Buck 电路开关管的通断以调节逆变器输入电压;控制板的主要作用是 Hall 信号的获取、FPGA 控制逻辑的实现、DSP 控制算法的实现、控制电平的转换、DSP 和 FPGA 之间的通信、信号调理、模数转换、数模转换、RS422 及 CAN 的通信等。

4.3　高精度高动态姿态测量系统

卫星姿态测量和确定系统是卫星姿态控制系统的重要组成部分,其性能的好坏不仅决定了姿态控制系统的性能，而且直接影响了卫星载荷工作的有效性。姿态敏感器可分为两大类：一类为姿态角度敏感器，如地球敏感器、星敏感器、太阳敏感器等；另一类为姿态角速度敏感器，如陀螺仪等。由于姿态角度敏感器大多受带宽的限制，很难获取卫星姿态的动态变化信息，尤其是对敏捷机动卫星。故一般采用高精度速率陀螺测量卫星姿态角速率，作为卫星姿态的基准，然而陀螺存在较大的漂移量，需要其他姿态敏感器来对漂移进行校正。

　　浮体式敏捷卫星姿态控制模块采用零动量三轴稳定方式，通过星载陀螺、星敏感器等完成在轨姿态信息采集，进而完成卫星的定姿。

　　利用星敏感器和陀螺进行组合姿态确定是达到高精度的常用组合，组合姿态确定能够有效克服各传感器的缺点提高姿态确定精度，其组合姿态确定原理如图 4.43 所示。

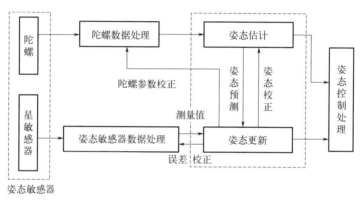

图 4.43　组合定姿原理图

4.3.1　光纤陀螺测量模型

　　拟配置一套光纤陀螺组，采用三个陀螺分别安装在卫星本体三轴上，则每个陀螺分别测量一维旋转角速度，主要提供卫星高精度角速度信息。

　　通过光纤陀螺测量卫星姿态时，卫星本体系相对于惯性系的角速度 $\boldsymbol{\omega}_b$ 可表示为

$$\boldsymbol{\omega}_b = \boldsymbol{\omega}_g - \boldsymbol{b} - \boldsymbol{d} - \boldsymbol{n}_g \tag{4.8}$$

其中，$\boldsymbol{\omega}_b$ 为载荷舱本体系相对于惯性系的角速度（没有考虑陀螺的非正交安装）；$\boldsymbol{\omega}_g$ 为陀螺输出的角速度测量值；$\boldsymbol{b}$ 是陀螺测量常值漂移矢量；$\boldsymbol{d}$ 是陀螺测量相关漂移矢量；$\boldsymbol{n}_g$ 为陀螺的测量噪声（$\boldsymbol{n}_g$ 是标准差为 σ 的瞬态白噪声变化率），$\boldsymbol{n}_g$ 均值为 0，方差满足：

$$E[\boldsymbol{n}_g(t)\boldsymbol{n}_g(\tau)] = \sigma_g^2 \delta(t-\tau) = \begin{cases} \sigma_g^2 & t=\tau \\ 0 & t \neq \tau \end{cases} \tag{4.9}$$

其中,$\delta(t)$为脉冲函数,满足:

$$\begin{cases} \delta(t) = 0 & t \neq 0 \\ \delta(t) = \infty & t = 0 \end{cases}$$

并且 $\int_{-\infty}^{+\infty} \delta(t)\mathrm{d}t = 1$。

陀螺常值漂移矢量 $\boldsymbol{b}$ 满足:

$$\dot{\boldsymbol{b}} = \boldsymbol{n}_{\mathrm{b}} \tag{4.10}$$

其中,$\boldsymbol{n}_{\mathrm{b}}$ 为长期漂移速率偏差,且具有标准差 $\boldsymbol{n}_{\mathrm{b}}$ 的积分白噪声过程,满足 $\boldsymbol{n}_{\mathrm{b}} = N(0, \sigma_{\mathrm{b}}^2 I)$。

陀螺相关漂移矢量 $\boldsymbol{d}$ 通常被描述为一阶马尔可夫过程:

$$\dot{\boldsymbol{d}} = -\boldsymbol{D}_\tau d + \boldsymbol{n}_{\mathrm{d}} \tag{4.11}$$

其中,$\boldsymbol{D}_\tau$ 是由相关时间常数 $\tau_i (i = x, y, z)$ 构成的对角阵,$\boldsymbol{D}_\tau = \mathrm{diag}(1/\tau_x, 1/\tau_y, 1/\tau_z)$;白噪声 $\boldsymbol{n}_{\mathrm{d}} = N(0, \sigma_{\mathrm{d}}^2 I)$,且 $\boldsymbol{n}_{\mathrm{b}}$ 和 $\boldsymbol{n}_{\mathrm{d}}$ 相互独立。可得到卫星真实角速度 $\boldsymbol{\omega}$ 和估计角速度 $\hat{\boldsymbol{\omega}}$ 的误差为

$$\Delta\boldsymbol{\omega} = \boldsymbol{\omega} - \hat{\boldsymbol{\omega}} = -\Delta d - \Delta b - n \tag{4.12}$$

4.3.2　星敏感器测量模型

星敏感器是卫星姿态控制系统一个重要的组成部分,它可以提供卫星高精度姿态信息,同时可以用来修正陀螺漂移。

星敏感器的数学模型可以表示为

$$\boldsymbol{q}_{\mathrm{is}} = (\boldsymbol{q}_{\mathrm{ib}} \otimes \boldsymbol{q}_{\mathrm{bs}}) \otimes \boldsymbol{q}_{\mathrm{e}} \tag{4.13}$$

其中,$\boldsymbol{q}_{\mathrm{is}}$ 为星敏感器输出;$\boldsymbol{q}_{\mathrm{bs}}$ 为卫星本体系到星敏感器坐标系的四元数;$\boldsymbol{q}_{\mathrm{ib}}$ 为惯性系到卫星本体系的四元数;$\boldsymbol{q}_{\mathrm{e}}$ 为误差四元数。

星敏感器的测量模型测量方程的等效四元数模型为

$$\boldsymbol{q} = \hat{\boldsymbol{q}} \otimes \boldsymbol{q}_{\mathrm{e}} \tag{4.14}$$

其中,$\boldsymbol{q}$ 代表真实姿态四元数;$\hat{\boldsymbol{q}}$ 为姿态四元数估计值;$\boldsymbol{q}_{\mathrm{e}}$ 为等效误差噪声。

对式(4.14)求导并化简得

$$\frac{1}{2}\boldsymbol{q} \otimes \{0 \quad \boldsymbol{\omega}\} = \frac{1}{2}\hat{\boldsymbol{q}} \otimes \{0 \quad \boldsymbol{\omega}\} \otimes \boldsymbol{q}_{\mathrm{e}} + \hat{\boldsymbol{q}} \otimes \dot{\boldsymbol{q}}_{\mathrm{e}} \tag{4.15}$$

简化得到

$$\dot{\boldsymbol{q}}_{\mathrm{e}} = \frac{1}{2}\boldsymbol{q} \otimes \{0 \quad \boldsymbol{\omega} - \boldsymbol{\omega}\} - \{0 \quad \boldsymbol{\omega} \times \boldsymbol{Q}_{\mathrm{e}}\} \tag{4.16}$$

式中,$\boldsymbol{Q}_{\mathrm{e}}$ 表示 $\boldsymbol{q}_{\mathrm{e}}$ 的向量部分。

在卫星正常工作时,考虑卫星小角度机动的情况,此时有

$$q_e = \begin{bmatrix} 1 & Q_e \end{bmatrix}^T \tag{4.17}$$

则可由式(4.16)、式(4.17)整理得到

$$\begin{bmatrix} 0 \\ \dot{Q}_e \end{bmatrix} = \frac{1}{2} \begin{bmatrix} 1 & -Q_e^T \\ Q_e & \tilde{Q}_e \end{bmatrix} \begin{bmatrix} 0 \\ \omega - \hat{\omega} \end{bmatrix} - \begin{bmatrix} 0 \\ [\omega \times] \cdot Q_e \end{bmatrix} \tag{4.18}$$

其中

$$[\omega \times] = \begin{bmatrix} 0 & -\omega_z & \omega_y \\ \omega_z & 0 & -\omega_x \\ -\omega_y & \omega_x & 0 \end{bmatrix}, \quad \tilde{Q}_e = \begin{bmatrix} 1 & -q_{e3} & q_{e2} \\ q_{e3} & 1 & -q_{e1} \\ -q_{e2} & q_{e1} & 1 \end{bmatrix} \tag{4.19}$$

4.3.3 卫星姿态测量确定

当采用星敏感器补偿陀螺漂移时,设陀螺常值漂移估计为 $\hat{b}$,陀螺相关漂移估计为 $\hat{d}$,陀螺的输出可表示为

$$\omega = \hat{\omega} - C_{bg}(b - \hat{b} + d - \hat{d} + n_g) = \hat{\omega} - C_{bg}(\Delta b + \Delta d + n_g) \tag{4.20}$$

式中,ω 为真实惯性角速度;$\hat{\omega}$ 为陀螺估计值;Δb 为陀螺常值漂移估计误差;Δd 为陀螺相关漂移估计误差;C_{bg} 为陀螺量测系到载荷舱本体系的转换矩阵,即陀螺安装矩阵的逆。

根据有关文献得知,陀螺相关漂移作用效果等同于陀螺常值漂移和测量噪声的叠加,故可以仅仅估计陀螺常值漂移误差来对陀螺角速度进行修正,故本节算法仅取降阶的误差四元数、常值漂移估计误差 6 个变量作为姿态确定滤波器的状态变量,即 $X = [Q_e^T, \Delta b^T]$。

利用上式构成滤波器状态方程时,可以得到

$$\begin{bmatrix} \dot{Q}_e \\ \Delta \dot{b} \end{bmatrix} = \begin{bmatrix} -[\omega \times] & -\frac{1}{2}C_{bg} \\ 0_{3\times3} & 0_{3\times3} \end{bmatrix} \begin{bmatrix} \dot{Q}_e \\ \Delta \dot{b} \end{bmatrix} + \begin{bmatrix} -\frac{1}{2}C_{bg} & 0_{3\times3} \\ 0_{3\times3} & \frac{1}{2}C_{bg} \end{bmatrix} \begin{bmatrix} n_g \\ n_b \end{bmatrix} \tag{4.21}$$

即

$$\dot{X}(t) = F(t)X(t) + GW(t) \tag{4.22}$$

将其离散化到二阶为

$$X_k = \Phi_{k,k-1}X_{k-1} + \Gamma_{k-1}W_{k-1} \tag{4.23}$$

则有

$$\Phi_{k,k-1} = I_{6\times6} + F \cdot T + \frac{T^2}{2}F^2 \tag{4.24}$$

$$\Gamma_{k,k-1} = \left(I_{6\times6} \cdot T + \frac{T^2}{2}F^2 + \frac{T^3}{2}F^2 \right)G \tag{4.25}$$

滤波器的测量方程可以通过宽视场星敏感器的输出来获得。星敏感器量测表

达式如下：

$$q_{sc} = q \otimes n_{sc} \tag{4.26}$$

式中，q 表示陀螺估计姿态四元数。

$$q_{esc} = q_e \otimes n_{sc} \tag{4.27}$$

N_{sc} 表示 n_{sc} 的向量部分，可以得到

$$q_{esc} \approx \{1 \quad Q_e\} \otimes \{1 \quad N_{sc}\} \approx \begin{bmatrix} 1 & (Q_e + N_{sc})^T \end{bmatrix}^T \tag{4.28}$$

星敏感器量测系中的量测噪声四元数形式为 n_g^s，其量测系到体系的转换矩阵为 C_{bs}，则体系量测误差 n_{sc} 可以用量测系下的 n_g^s 表示，只考虑向量部分 N_g^s，由此得到滤波器的观测方程如下：

$$Q_{esc} = Q_e + C_{bs} \cdot N_g^s \tag{4.29}$$

即

$$Z_k = H_k K_k + D_k V_k \tag{4.30}$$

其中

$$H_k = \begin{bmatrix} I_{3\times3} & 0_{3\times3} \end{bmatrix}, \quad D_k = C_{bs} \tag{4.31}$$

滤波器的系统方程：

$$\begin{cases} \begin{bmatrix} \dot{Q}_e \\ \Delta \dot{b} \end{bmatrix} = \begin{bmatrix} -[\omega\times] & -\dfrac{1}{2}C_{bs} \\ 0_{3\times3} & 0_{3\times3} \end{bmatrix} \begin{bmatrix} Q_e \\ \Delta b \end{bmatrix} + \begin{bmatrix} -\dfrac{1}{2}C_{bs} & 0_{3\times3} \\ 0_{3\times3} & C_{bs} \end{bmatrix} \begin{bmatrix} n_g \\ n_b \end{bmatrix} \\ Q_{esc} = Q_e + C_{bs} \cdot N_g^s \end{cases} \tag{4.32}$$

即

$$\begin{cases} \dot{X}(t) = FX(t) + GW(t) \\ Z(t) = HX(t) + Dv(t) \end{cases} \tag{4.33}$$

式中，$X(t) = \begin{bmatrix} Q_e \\ \Delta b \end{bmatrix}$ 为状态矢量；$Z(t) = Q_{esc}$ 为观测矢量；$W(t) = \begin{bmatrix} n_g \\ n_b \end{bmatrix}$ 为系统噪声矢量；$v(t) = N_g^s$ 为量测噪声矢量；$F = \begin{bmatrix} -[\omega\times] & -\dfrac{1}{2}C_{bs} \\ 0_{3\times3} & 0_{3\times3} \end{bmatrix}$；$G = \begin{bmatrix} -\dfrac{1}{2}C_{bs} & 0_{3\times3} \\ 0_{3\times3} & C_{bs} \end{bmatrix}$；$H = I_{3\times3}$；$D = C_{bs}$。

系统噪声和量测噪声满足：

$$\begin{aligned} E[W(t)] = 0, & \quad E[W(t)^T W(\tau)] = Q(t)\delta(t-\tau) \\ E[V(t)] = 0, & \quad E[V(t)^T V(\tau)] = R(t)\delta(t-\tau) \end{aligned} \tag{4.34}$$

式中，$W(t)$ 和 $V(t)$ 不相关；$Q(t)$ 为非负定阵；$R(t)$ 为正定阵，数值分别由陀螺量测噪声、随机噪声和星敏感器量测噪声决定。

经过滤波运算可以解算得到修正后的本体系旋转角速度 ω_{bi} 和四元数 q_{bi}。

4.4　非接触两舱相对测量系统

浮体式卫星采用舱间安装的非接触式位移传感器来测量载荷舱和服务舱对应点的相对位置。通过组合不同位置安装的位移传感器输出的多个测量量,解算得到舱间相对位置和姿态。本系统采用电涡流传感器和激光式位移传感器。

4.4.1　激光式位移传感器

激光式位移传感器是利用激光技术进行测量的传感器。它由激光器、激光检测器和测量电路组成。它利用非接触手段,可精确地测量被测物体的位置、位移等变化。

其测量原理是利用激光单色和准直特性,将垂直入射测距面上的激光点,通过光学系统将其缩小的实像成像在 CCD 接收光敏面上。由于测量点前后位移的改变,使得 CCD 上的成像光点相对于基准点也发生变化,激光发射光轴与接收光轴的夹角、透镜与激光轴和 CCD 之间的距离都是已知的,成像光点在接收元件的位置可通过模拟、数字转换电路进入微处理器进行分析和处理,来确定光斑中心位置与基准点位置的变化,这样就可计算出光斑实际的位移大小,实现对物件位移量的测量。

传感器主要由激光发射、光学成像系统、CCD 图像传感器、驱动电路、信号放大处理电路、单片机处理电路和数据输出部分组成,如图 4.44 所示。

激光式位移传感器按照测量原理划分可分为测量激光三角法和激光回波分析法。激光三角测量法具有非接触、结构简单、精度适中的优点,但由于一般采用会聚光照明,目标位移会使照射光束离焦而降低测量精度,所以测量量程有限。相较而言,激光回波分析法则更适用于长距离检测。由于浮体式卫星两舱之间位置约束有限,所以本系统采用激光三角测量法传感器。

激光三角测距法的测距原理如图 4.45 所示。

利用激光单色和准直特性,将垂直入射物件面上的激光点,通过光学系统将其缩小的实像成在光电探测器的接收面上。当激光照射的物体移动时,由于测试点前后位移的改变,光电探测器上的成像光点相对于基准点也随之发生变化,在基线长度已知,光源、传感器、透镜的相对位置确定的前提下,确定光斑中心位置与基准点位置的变化量,从而计算出物件上光斑实际的位移大小,实现对物件有限距离的测量。其计算公式如下:

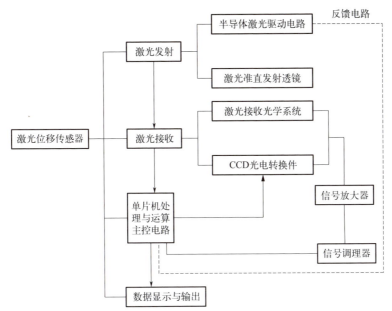

图 4.44　激光位移传感器系统组成框图

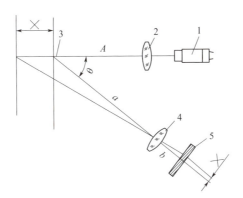

图 4.45　激光位移传感器测距原理图

1—激光发射器;2,4—凸透镜;3—被测表面;5—光电探测器;A—透镜 2 和被测表面的距离;

a—透镜 4 和被测表面的距离;b—透镜 4 和探测器的距离

$$x = \frac{ax'}{b\sin\theta - x'\cos\theta} \tag{4.35}$$

　　以先进的基恩士 LK-G5000 激光位移传感器为例,目前其测量精度可达 $0.005\mu m$。

4.4.2　电涡流位移传感器

　　电涡流传感器实际上是一种特殊的电感传感器,根据电磁感应原理,当导体处在高频交变磁场中或在磁场中作切割磁力线运动时,由于通过导体中的磁通发生变化,导体内会产生相应的感应电流,通常称之为电涡流。电涡流位移传感器就是基于导体的电涡流效应制成的。其工作原理如图 4.46 所示。

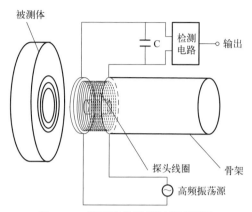

被测体

检测
电路 —○输出

C

探头线圈　骨架

○ 高频振荡源

图 4.46　电涡流传感器工作原理图

当通有高频交变电流的传感器探头线圈靠近被测导体时,在被测导体的表面即产生交变电涡流,这时,可以分别用两个单匝线圈来等效探头线圈电感和被测导体的电感,而它们之间的耦合松紧程度可以用互感 M 来表征。由基尔霍夫定律可得

$$(R_1+\mathrm{j}\omega L_1)I_1-\mathrm{j}\omega ML_2=U$$
$$-\mathrm{j}\omega ML_1+(R_2+\mathrm{j}\omega L_2)I_2=0 \tag{4.36}$$

解方程式(4.36)可得传感器探头线圈的等效阻抗为

$$Z=\left(R_1+R_2\,\frac{\omega^2 M^2}{R_2^2+\omega^2 L_2^2}\right)+\mathrm{j}\left(\omega L_1-\omega L_2\,\frac{\omega^2 M^2}{R_2^2+\omega^2 L_2^2}\right) \tag{4.37}$$

式中,Z 的实部为探头线圈的等效损耗电阻:

$$R=R_1+R_2\,\frac{\omega^2 M^2}{R_2^2+\omega^2 L_2^2} \tag{4.38}$$

Z 的虚部为等效电感:

$$L=\mathrm{j}\left(\omega L_1-\omega L_2\,\frac{\omega^2 M^2}{R_2^2+\omega^2 L_2^2}\right) \tag{4.39}$$

可知线圈受电涡流的影响,其阻抗实数部分增大,虚数部分减小,使得线圈品质因数下降。

$$Q=\frac{Q_1\left(1-\dfrac{L_2\omega^2 M^2}{L_1 Z_2^2}\right)}{1+\dfrac{R_2\omega^2 M^2}{R_1 Z_2^2}} \tag{4.40}$$

式中，Q_1 为无涡流影响时线圈的品质因数；Z_2 为金属导体中产生电涡流部分的阻抗，$Z_2 = \sqrt{R_2^2 + (\omega L_2)^2}$。

由此可知，金属导体的电阻率 ρ、磁导率 μ、线圈激励电压频率 ω 以及线圈与金属导体之间的距离 x 都将导致线圈的阻抗、电感量及品质因数发生变化，可以写成

$$Z = f(\rho, \mu, \omega, x) \tag{4.41}$$

如果改变其中某个参数，而其他参数保持不变，即可构成关于这个参数的电涡流传感器。

电涡流传感器进行位移 x 测量时，当一定的被测导体靠近传感器线圈时，损耗功率增大，回路 Q 值就降低，Q 值与测量距离（被测体与传感器的距离）x 的关系式为

$$\frac{Q}{Q_0} = K_1(1 + \gamma x^2 - \eta x^4) \tag{4.42}$$

式中，γ、η 均为系数，它们与激磁频率、线圈的电阻、自感和涡流环的电阻、自感有关，而 $\dfrac{\partial^2 \left(\dfrac{Q}{Q_0} \right)}{\partial x^2} = K_1(2\gamma - 12\eta x^2)$，可知曲线有拐点，故曲线呈 S 形，我们可利用它在一定范围内与直线近似而将其作为测试的线性范围，$Q = f_1(x)$，这就是电涡流传感器 Q 值测试法的依据。

导体与线圈间等效互感 M 的值为

$$M^2 = K_2(1 - px^2 + qx^4 - \cdots + \cdots) \tag{4.43}$$

其中，p、q 为与线圈参数等有关的系数。故 $L = f_2(x)$，这就是电涡流电感测量法的依据。

$$L = L_1 - L_2 \frac{(\omega M)^2}{R_2^2 + (\omega L_2)^2} \tag{4.44}$$

联合式(4.37)、式(4.43)、式(4.44)可知，传感器的等效阻抗 Z 亦与被测距离 x 有关，即 $Z = f_3(x)$，这就是电涡流电感测量法的依据。

4.4.3　非接触舱间相对位姿解算

如图 4.47 所示，一般地可以采用 8 个相对距离传感器布局，每台传感器由探头和反射面两部分组成，探头固定安装在载荷舱上，反射面固定安装在服务舱上，分别随载荷舱和服务舱运动。2 台沿 X 方向安装，用于测量 X 方向相对距离 s_{xg}，2 台沿 Y 方向安装，用于测量 Y 方向相对距离，其测量值为 s_{yg}，4 台沿 Z 方向安装，用于测量 Z 方向相对距离，其测量值为 s_{zg}。则有

$$s_{xg} = s_x + n_x$$
$$s_{yg} = s_y + n_y \qquad\qquad (4.45)$$
$$s_{zg} = s_z + n_z$$

其中,s_x、s_y、s_z 为传感器探头与测点相对距离的真实值;n_x、n_y、n_z 为传感器测量噪声。

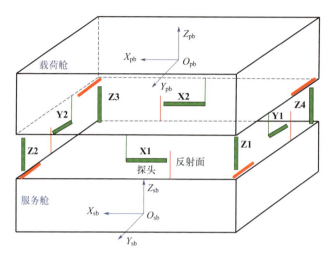

图 4.47　基于位移传感器的舱间相对位置与相对姿态确定

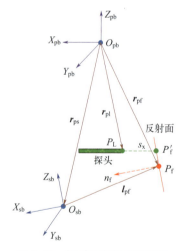

图 4.48　相对距离传感器测量相关矢量关系示意图

基于上述布局,不失一般性,以其中一台沿 X 方向安装,测量 s_x 的传感器为例,绘制如下简化矢量图 4.48,分析各矢量间关系。

如图 4.48 所示,距离传感器测量值实际是探头发射端点 P_L 与反射面上照射点 P'_f 之间的距离 s_x。定义服务舱质心相对载荷舱质心矢量r_{ps} 在载荷舱本体系下坐标为 $[x \quad y \quad z]^T$,服务舱上安装的反射面中心原点 P_f 在服务舱本体系下的矢量坐标为 $[x^f \quad y^f \quad z^f]^T$,载荷舱上安装的探头发射端点 P_L 在载荷舱本体系下的坐标为 $[x^L \quad y^L \quad z^L]^T$。

设服务舱本体系到载荷舱本体系的方向余弦矩阵为

$$\boldsymbol{C}_{ps} = \boldsymbol{C}_y(\theta)\boldsymbol{C}_x(\phi)\boldsymbol{C}_z(\psi) = \begin{bmatrix} c_{11} & c_{12} & c_{13} \\ c_{21} & c_{22} & c_{23} \\ c_{31} & c_{32} & c_{33} \end{bmatrix} \qquad (4.46)$$

小角度下可近似简化为

$$\boldsymbol{C}_{\mathrm{ps}} = \boldsymbol{C}_y(\theta)\boldsymbol{C}_x(\phi)\boldsymbol{C}_z(\psi) \approx \begin{bmatrix} 1 & \psi & -\theta \\ -\psi & 1 & \phi \\ \theta & -\phi & 1 \end{bmatrix} \tag{4.47}$$

由图 4.48 可见，探头固定安装在载荷舱上，与载荷舱本体系 X 轴平行；反射面固定安装在服务舱上，其法线方向 $\boldsymbol{n}_{\mathrm{f}}$ 与服务舱本体系 X 轴平行。照射点 P_{f}' 实际上是探头测量方向延伸直线与反射面交点，据此可以得到距离 s_x 的测量模型。

由矢量关系可知，反射面中心原点 P_{f} 在载荷舱本体系下的坐标可以由下式计算得到

$$\begin{bmatrix} x^{\mathrm{fp}} \\ y^{\mathrm{fp}} \\ z^{\mathrm{fp}} \end{bmatrix} = \boldsymbol{r}_{\mathrm{ps}} + \boldsymbol{l}_{\mathrm{pf}} = \boldsymbol{C}_{\mathrm{sb}}^{\mathrm{pb}} \begin{bmatrix} x^{\mathrm{f}} \\ y^{\mathrm{f}} \\ z^{\mathrm{f}} \end{bmatrix} + \begin{bmatrix} x \\ y \\ z \end{bmatrix} \tag{4.48}$$

在小角度假设下，进一步满足

$$\begin{bmatrix} x^{\mathrm{fp}} \\ y^{\mathrm{fp}} \\ z^{\mathrm{fp}} \end{bmatrix} \approx \begin{bmatrix} 1 & \psi & -\theta \\ -\psi & 1 & \phi \\ \theta & -\phi & 1 \end{bmatrix} \begin{bmatrix} x^{\mathrm{f}} \\ y^{\mathrm{f}} \\ z^{\mathrm{f}} \end{bmatrix} + \begin{bmatrix} x \\ y \\ z \end{bmatrix} = \begin{bmatrix} x^{\mathrm{f}} + \psi y^{\mathrm{f}} - \theta z^{\mathrm{f}} + x \\ -\psi x^{\mathrm{f}} + y^{\mathrm{f}} + \phi z^{\mathrm{f}} + y \\ \theta x^{\mathrm{f}} - \phi y^{\mathrm{f}} + z^{\mathrm{f}} + z \end{bmatrix} \tag{4.49}$$

反射面法线方向矢量 $\boldsymbol{n}_{\mathrm{f}}$ 在载荷舱本体系下的坐标可以由下式计算得到

$$\begin{bmatrix} x_{\mathrm{nf}} \\ y_{\mathrm{nf}} \\ z_{\mathrm{nf}} \end{bmatrix} = \boldsymbol{C}_{\mathrm{ps}} \begin{bmatrix} 1 \\ 0 \\ 0 \end{bmatrix} = \begin{bmatrix} c_{11} \\ c_{21} \\ c_{31} \end{bmatrix} \approx \begin{bmatrix} 1 \\ -\psi \\ \theta \end{bmatrix} \tag{4.50}$$

则反射面上任意一点 P_i^{f} 在载荷舱本体系下坐标满足

$$c_{11}(x_i^{\mathrm{fp}} - x^{\mathrm{fp}}) + c_{21}(y_i^{\mathrm{fp}} - y^{\mathrm{fp}}) + c_{31}(z_i^{\mathrm{fp}} - z^{\mathrm{fp}}) = 0 \tag{4.51}$$

进一步，由于探头沿 X 轴固定安装在载荷舱上，载荷舱本体系下，照射点 P_{f}' 与探头发射端点 P_{L} 的 y 和 z 向坐标相等，故定义其坐标为 $[x_{\mathrm{f}}' \quad y^{\mathrm{L}} \quad z^{\mathrm{L}}]^{\mathrm{T}}$，且满足

$$c_{11}(x_{\mathrm{f}}' - x^{\mathrm{fp}}) + c_{21}(y^{\mathrm{L}} - y^{\mathrm{fp}}) + c_{31}(z^{\mathrm{L}} - z^{\mathrm{fp}}) = 0 \tag{4.52}$$

可得

$$x_{\mathrm{f}}' = \frac{-c_{21}(y^{\mathrm{L}} - y^{\mathrm{fp}}) - c_{31}(z^{\mathrm{L}} - z^{\mathrm{fp}})}{c_{11}} + x^{\mathrm{fp}} \tag{4.53}$$

从而可得照射点 P_{f}' 与探头发射端点 P_{L} 的距离

$$s_x = |x_{\mathrm{f}}' - x^{\mathrm{L}}| = \left| \frac{-c_{21}(y^{\mathrm{L}} - y^{\mathrm{fp}}) - c_{31}(z^{\mathrm{L}} - z^{\mathrm{fp}})}{c_{11}} + x^{\mathrm{fp}} - x^{\mathrm{L}} \right| \tag{4.54}$$

根据探头与反射面沿 $+X$ 或 $-X$ 安装方式，可以写成

$$s_x = \begin{cases} x'_f - x^L = \dfrac{-c_{21}(y^L - y^{fp}) - c_{31}(z^L - z^{fp})}{c_{11}} + x^{fp} - x^L, & \text{沿} + X \text{ 安装} \\[4mm] -(x'_f - x^L) = \dfrac{c_{21}(y^L - y^{fp}) + c_{31}(z^L - z^{fp})}{c_{11}} - x^{fp} + x^L, & \text{沿} - X \text{ 安装} \end{cases} \tag{4.55}$$

至此,就得到了 1 台沿 X 向安装传感器的测量模型,按照前面 8 台传感器布局方式,X1 和 X2 传感器分别沿 $-X$ 和 $+X$ 方向安装,Y1 和 Y2 传感器分别沿 $-Y$ 和 $+Y$ 方向安装,Z1、Z2、Z3 和 Z4 传感器分别沿 $-Z$、$-Z$、$+Z$ 和 $+Z$ 方向安装,采用相同方法,可以推导得到 8 台传感器的完整测量模型:

$$\begin{cases} s_{x1} = -(x'_{fx1} - x^L_{x1}) = \dfrac{c_{21}(y^L_{x1} - y^{fp}_{x1}) + c_{31}(z^L_{x1} - z^{fp}_{x1})}{c_{11}} - x^{fp}_{x1} + x^L_{x1} \\[4mm] s_{x2} = x'_{fx2} - x^L_{x2} = \dfrac{-c_{21}(y^L_{x2} - y^{fp}_{x2}) - c_{31}(z^L_{x2} - z^{fp}_{x2})}{c_{11}} + x^{fp}_{x2} - x^L_{x2} \\[4mm] s_{y1} = -(y'_{fy1} - y^L_{y1}) = \dfrac{c_{12}(x^L_{y1} - x^{fp}_{y1}) + c_{32}(z^L_{y1} - z^{fp}_{y1})}{c_{22}} - y^{fp}_{y1} + y^L_{y1} \\[4mm] s_{y2} = y'_{fy2} - y^L_{y2} = \dfrac{-c_{12}(x^L_{y2} - x^{fp}_{y2}) - c_{32}(z^L_{y2} - z^{fp}_{y2})}{c_{22}} + y^{fp}_{y2} - y^L_{y2} \\[4mm] s_{z1} = -(z'_{fz1} - z^L_{z1}) = \dfrac{c_{13}(x^L_{z1} - x^{fp}_{z1}) + c_{23}(y^L_{z1} - y^{fp}_{z1})}{c_{33}} - z^{fp}_{z1} + z^L_{z1} \\[4mm] s_{z2} = -(z'_{fz2} - z^L_{z2}) = \dfrac{c_{13}(x^L_{z2} - x^{fp}_{z2}) + c_{23}(y^L_{z2} - y^{fp}_{z2})}{c_{33}} - z^{fp}_{z2} + z^L_{z2} \\[4mm] s_{z3} = z'_{fz3} - z^L_{z3} = \dfrac{-c_{13}(x^L_{z3} - x^{fp}_{z3}) - c_{23}(y^L_{z3} - y^{fp}_{z3})}{c_{33}} + z^{fp}_{z3} - z^L_{z3} \\[4mm] s_{z4} = z'_{fz4} - z^L_{z4} = \dfrac{-c_{13}(x^L_{z4} - x^{fp}_{z4}) - c_{23}(y^L_{z4} - y^{fp}_{z4})}{c_{33}} + z^{fp}_{z4} - z^L_{z4} \end{cases} \tag{4.56}$$

考虑服务舱和载荷舱之间相对姿态运动限制在较小范围内,一般满足小角度假设,代入前述公式,忽略二阶小量,由上述模型可以推导得到

$$\begin{cases} s_{x1} = -\psi y^L_{x1} + \psi y + \theta z^L_{x1} - \theta z - x^f_{x1} - x + x^L_{x1} \\ s_{x2} = \psi y^L_{x2} - \psi y - \theta z^L_{x2} + \theta z + x^f_{x2} + x - x^L_{x2} \\ s_{y1} = \psi x^L_{y1} - \psi x - \phi z^L_{y1} + \phi z - y^f_{y1} - y + y^L_{y1} \\ s_{y2} = -\psi x^L_{y2} + \psi x + \phi z^L_{y2} - \phi z + y^f_{y2} + y - y^L_{y2} \\ s_{z1} = -\theta x^L_{z1} + \theta x + \phi y^L_{z1} - \phi y - z^f_{z1} - z + z^L_{z1} \\ s_{z2} = -\theta x^L_{z2} + \theta x + \phi y^L_{z2} - \phi y - z^f_{z2} - z + z^L_{z2} \\ s_{z3} = \theta x^L_{z3} - \theta x - \phi y^L_{z3} + \phi y + z^f_{z3} + z - z^L_{z3} \\ s_{z4} = \theta x^L_{z4} - \theta x - \phi y^L_{z4} + \phi y + z^f_{z4} + z - z^L_{z4} \end{cases} \tag{4.57}$$

可见,上述 8 个方程中,服务舱相对载荷舱的三轴姿态 ϕ、θ、ψ,以及服务舱质心相对载荷质心的位置坐标 x、y、z 为变量,方程右侧其他项均为定值,由安装布局确定,左侧可由传感器测量得到。由此,联立上述 8 个方程,即可求解得到 6 个变量。

易知

$$
\begin{cases}
s_{x1}+s_{x2}=\psi(y_{x2}^{\mathrm L}-y_{x1}^{\mathrm L})+\theta(z_{x1}^{\mathrm L}-z_{x2}^{\mathrm L})+x_{x2}^{\mathrm f}-x_{x1}^{\mathrm f}+x_{x1}^{\mathrm L}-x_{x2}^{\mathrm L}\\[4pt]
s_{y1}+s_{y2}=\psi(x_{y1}^{\mathrm L}-x_{y2}^{\mathrm L})+\phi(z_{y2}^{\mathrm L}-z_{y1}^{\mathrm L})+y_{y2}^{\mathrm f}-y_{y1}^{\mathrm f}+y_{y1}^{\mathrm L}-y_{y2}^{\mathrm L}\\[4pt]
s_{z1}+s_{z2}+s_{z3}+s_{z4}=\theta(x_{z4}^{\mathrm L}+z_{z3}^{\mathrm L}-x_{z2}^{\mathrm L}-x_{z1}^{\mathrm L})+\phi(y_{z1}^{\mathrm L}+y_{z2}^{\mathrm L}-y_{z3}^{\mathrm L}-y_{z4}^{\mathrm L}\\[4pt]
\qquad\qquad\quad+(z_{z3}^{\mathrm f}+z_{z4}^{\mathrm f}-z_{z2}^{\mathrm f}-z_{z1}^{\mathrm f})+(z_{z1}^{\mathrm L}+z_{z2}^{\mathrm L}-z_{z3}^{\mathrm L}-z_{z4}^{\mathrm L})
\end{cases}
\tag{4.58}
$$

令　$\boldsymbol{S}=\begin{bmatrix} s_{x1}+s_{x2}\\ s_{y1}+s_{y2}\\ s_{z1}+s_{z2}+s_{z3}+s_{z4}\end{bmatrix}$

$$
\boldsymbol{A}=\begin{bmatrix}
0 & z_{x1}^{\mathrm L}-z_{x2}^{\mathrm L} & y_{x2}^{\mathrm L}-y_{x1}^{\mathrm L}\\[4pt]
z_{y2}^{\mathrm L}-z_{y1}^{\mathrm L} & 0 & x_{y1}^{\mathrm L}-x_{y2}^{\mathrm L}\\[4pt]
y_{z1}^{\mathrm L}+y_{z2}^{\mathrm L}-y_{z3}^{\mathrm L}-y_{z4}^{\mathrm L} & x_{z4}^{\mathrm L}+x_{z3}^{\mathrm L}-x_{z2}^{\mathrm L}-x_{z1}^{\mathrm L} & 0
\end{bmatrix}
\tag{4.59}
$$

$$
\boldsymbol{Y}=\begin{bmatrix}\phi\\ \theta\\ \psi\end{bmatrix}
$$

$$
\boldsymbol{B}=\begin{bmatrix}
x_{x2}^{\mathrm f}-x_{x1}^{\mathrm f}+x_{x1}^{\mathrm L}-x_{x2}^{\mathrm L}\\[4pt]
y_{y2}^{\mathrm f}-y_{y1}^{\mathrm f}+y_{y1}^{\mathrm L}-y_{y2}^{\mathrm L}\\[4pt]
(z_{z3}^{\mathrm f}+z_{z4}^{\mathrm f}-z_{z2}^{\mathrm f}-z_{z1}^{\mathrm f})+(z_{z1}^{\mathrm L}+z_{z2}^{\mathrm L}-z_{z3}^{\mathrm L}-z_{z4}^{\mathrm L})
\end{bmatrix}
$$

可写成矩阵形式的方程为

$$
\boldsymbol{S}=\boldsymbol{A}\boldsymbol{Y}+\boldsymbol{B}
\tag{4.60}
$$

则相对姿态变量 $\boldsymbol{R}=\begin{bmatrix}\phi & \theta & \psi\end{bmatrix}^{\mathrm T}$ 可以用下式求解:

$$
\boldsymbol{R}=\boldsymbol{A}^{-1}(\boldsymbol{S}-\boldsymbol{B})
\tag{4.61}
$$

求解得到三轴相对姿态 ϕ、θ、ψ 后,可以三个方向分别选择一个方程,即可求解相对位置变量 x、y、z。

参 考 文 献

[1]　张伟.浮体式航天器动力学与控制[M].北京:科学出版社,2022.

[2]　张伟,赵艳彬,廖鹤.动静隔离、主从协同控制双超卫星平台设计[J].上海航天,2014,31

(05):7-11,30.

[3] 侯鹏,秦云飞,李志慧,等.羲和卫星磁浮机构地面高精度分离测试研究[J].上海航天(中英文),2023,40(02):74-81.

[4] 唐忠兴,姚闳,何闻,等.高精度非接触磁浮机构设计及其输出特性测试研究[J].上海航天(中英文),2020,37(01):135-141,149.

[5] 谢进进,廖鹤,姚闳,等.采用 MSCMG 群的卫星平台敏捷机动控制地面闭环试验验证[J].宇航学报,2021,42(09):1119-1127.

[6] 房建成,任元.磁悬浮控制力矩陀螺技术[M].北京:国防工业出版社,2014.

[7] Han B,Zheng S,Wang Z,et al. Design,modeling,fabrication,and test of a large-scale single-gimbal magnetically suspended control moment gyro[J]. IEEE Transactions on Industrial Electronics,2015,62(12):7424-7435.

[8] Li H,Chen X,Zhang H,et al. High-precision speed control for low-speed gimbal systems using discrete sliding mode observer and controller[J]. IEEE Journal of Emerging and Selected Topics in Power Electronics,2021,10(3):2871-2880.

[9] 刘丰睿,赵丽滨,韩邦成,等.磁悬浮控制力矩陀螺框架结构的拓扑优化设计[J].北京航空航天大学学报,2010,36(04):455-458,499.

[10] Han B,Shi Y,Li H. Position estimation for ultra-low speed gimbal servo system of SGMSCMG based on linear Hall sensors[J]. IEEE Sensors Journal,2020,20(20):12174-12183.

[11] 汤继强,崔旭,袁新竹,等.磁悬浮控制力矩陀螺高速转子的高精度位置控制[J].光学精密工程,2020,28(03):659-670.

[12] 汤继强,赵韶璞,王阔.磁悬浮控制力矩陀螺锁紧机构可靠性设计及优化[J].光学精密工程,2018,26(03):597-605.

[13] 王巍.光纤陀螺惯性系统[M].北京:中国宇航出版社,2010.

[14] 傅景能.星敏感器高精度定姿关键技术研究[D].成都:中国科学院大学(中国科学院光电技术研究所),2023.

[15] 肖磊.基于星敏感器和陀螺组合的卫星姿态确定方法研究[D].长春:中国科学院大学(中国科学院长春光学精密机械与物理研究所),2021.

[16] 石光林,尹辉俊,罗信武,等.非接触式测量技术及综合应用[M].北京:化学工业出版社,2022.

第 5 章

浮体式卫星敏捷控制半物理仿真系统

在地面模拟太空微重力环境方法,按照模拟原理的不同可以分为落塔法、抛物飞行法、水浮法、气浮法、悬吊法,其中卫星姿态控制地面模拟主要多采用悬吊法和气浮法。悬吊法采用吊索悬吊卫星质心,通过吊索抵消重力,从而实现地面微重力环境。气浮法采用气浮轴承浮起卫星,通过气浮压力抵消重力,从而实现地面微重力低摩擦环境。本章主要介绍基于气浮方法的适用于浮体式卫星的地面半物理仿真系统。

5.1 地面半物理仿真系统

5.1.1 试验方案设计原则

浮体式卫星敏捷控制半物理仿真系统技术方案设计贯彻如下设计原则:

① 结合我国航天技术的现状与发展趋势,最大程度地验证载荷舱的超精超稳超敏捷的性能。

② 充分贯彻卫星工程"三化"原则,最大限度采用技术成熟度高的型谱化产品,降低研制风险,提高产品的可靠性。

③ 设计的全过程贯彻安全性、长寿命、高可靠的设计思想;对研制的技术风险进行认真分析和梳理,并加强对风险的控制,力求把风险降到最低。

④ 立足于自力更生,并积极开展合作,引进必要的器件,提高整体技术水平,加快研制进度。

为实现浮体式卫星敏捷控制半物理仿真系统试验验证,验证方案需满足以下约束条件:

① 浮体式卫星敏捷姿态控制敏感器视场的要求;

② 浮体式卫星敏捷姿态测量及执行部件的安装精度要求;

③ 实验验证环境干扰的控制与补偿要求。

5.1.2 试验方案选择

地面验证中初步形成以下六种方案,通过六种方案优缺点的对比,得出最优方案。

(1)方案一:两舱主动气浮

方案示意图如图 5.1 所示。载荷舱和平台舱通过气足气浮,需要机加工平板、气浮装置等配套设备。该试验装置可分别实现载荷舱与平台舱沿 X、Y 方向的平动,及 Z 方向的小角度转动。其自由度分析如表 5.1 所示。

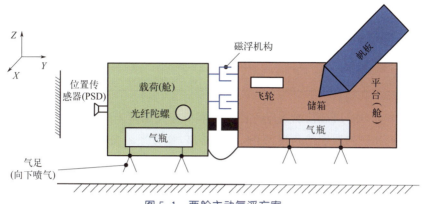

图 5.1　两舱主动气浮方案

表 5.1　两舱主动气浮方案自由度分析

两舱	小角度转动			平动		
自由度	X 方向	Y 方向	Z 方向	X 方向	Y 方向	Z 方向
载荷舱	×	×	√	√	√	×
平台舱	×	×	√	√	√	×

(2)方案二：平台舱主动气浮、载荷舱被动气浮

方案示意图如图 5.2 所示。载荷舱通过单轴气浮台气浮，可实现 Z 方向的小角度转动，平台舱通过气足气浮，可实现 X、Y 方向的平动，通过磁浮机构实现 Z 方向的小角度转动，该试验装置需要配置机加工平板、双五自由度气浮装置等配套设备。其自由度分析如表 5.2 所示。

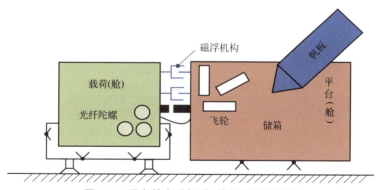

图 5.2　平台舱主动气浮、载荷舱被动气浮

表 5.2　平台舱主动气浮、载荷舱被动气浮方案自由度分析

两舱	小角度转动			平动		
自由度	X 方向	Y 方向	Z 方向	X 方向	Y 方向	Z 方向

两舱	小角度转动			平动		
载荷舱	×	×	√	×	×	×
平台舱	×	×	√	√	√	×

该方案可以解决载荷舱主动气浮漂移和姿态晃动带来的影响,从自由度、实现的难易程度和研制周期的角度考虑,可以看出,该方案容易实现并且研制周期短。缺点是验证自由度有所减少,位置控制仅对平台舱有效。

(3)方案三:对接式双五自由度气浮

方案示意如图 5.3 所示。载荷舱和平台舱通过平面气浮轴承实现 X、Y 方向的平动,通过球面轴承实现 X、Y、Z 方向的小角度转动。其自由度分析如表 5.3 所示。

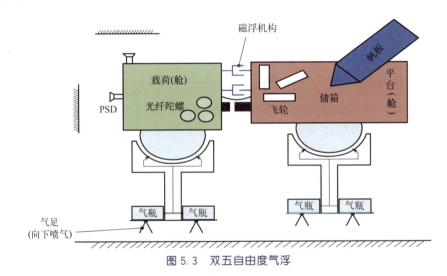

图 5.3　双五自由度气浮

表 5.3　对接式双五自由度气浮自由度分析

两舱	小角度转动			平动		
自由度	X 方向	Y 方向	Z 方向	X 方向	Y 方向	Z 方向
载荷舱	√	√	√	√	√	×
平台舱	√	√	√	√	√	×

(4)方案四:载荷舱悬吊、平台舱固支

方案示意图如图 5.4 所示。载荷舱通过悬吊可实现 X、Y 方向的平动和 X、Y、Z 方向的小角度转动,平台舱固支,系统需要配置绳索、轴承、地基及固定在地基上的支架、支承杆等配套设备。其自由度分析如表 5.4 所示。

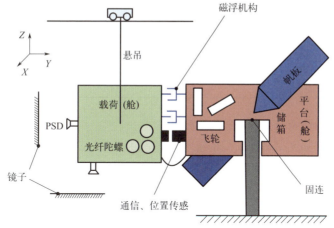

图 5.4　载荷舱悬吊,平台舱固支

表 5.4　载荷舱悬吊,平台舱固支方案自由度分析

两舱	小角度转动			平动		
自由度	X 方向	Y 方向	Z 方向	X 方向	Y 方向	Z 方向
载荷舱	√	√	√	√	√	×
平台舱	×	×	×	×	×	×

(5)方案五:双五自由度悬吊

方案示意图如图 5.5 所示。载荷舱、平台舱通过悬吊可实现 X、Y 方向的平动和 X、Y、Z 方向的小角度转动,系统需要配置绳索、轴承、地基等配套设备。其自由度分析如表 5.5 所示。

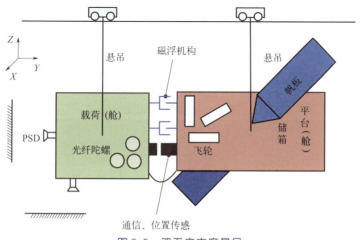

图 5.5　双五自由度悬吊

表 5.5　双五自由度悬吊自由度分析

两舱	小角度转动			平动		
自由度	X 方向	Y 方向	Z 方向	X 方向	Y 方向	Z 方向
载荷舱	√	√	√	√	√	×
平台舱	√	√	√	√	√	×

（6）方案六：载荷舱内嵌、平台舱气浮

方案示意图如图 5.6 所示，系统中心部分是一个五轴气浮台，用于模拟载荷舱，称作载荷气浮轴承子系统，是载荷气浮台的核心设备，用于实现载荷台体的浮起，实现近似无摩擦的三自由度转动及两自由度平动，模拟卫星载荷舱在轨运动状态。系统外围部分是一个五轴外轴承气浮台，用于模拟卫星平台舱，称作平台气浮轴承子系统，也是平台气浮台的核心设备，用于实现平台舱台体的浮起，实现近似无摩擦的三自由度转动及两自由度平动，模拟卫星平台舱在轨运动状态。该方案自由度分析如表 5.6 所示。

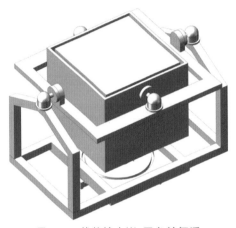

图 5.6　载荷舱内嵌、平台舱气浮

六种方案进行对比，见表 5.7。

表 5.6　内嵌式双五自由度气浮自由度分析

两舱	小角度转动			平动		
自由度	X 方向	Y 方向	Z 方向	X 方向	Y 方向	Z 方向
载荷舱	√	√	√	√	√	×
平台舱	√	√	√	√	√	×

表 5.7　六种方案对比

方案		转动（自由度）			平动（自由度）			难易度	研制周期
		X 方向	Y 方向	Z 方向	X 方向	Y 方向	Z 方向		
方案一	载荷	×	×	√	×	√	×	较难	中等
	平台	×	×	√	√	√	×		
方案二	载荷	×	×	√	×	√	×	中等	较短
	平台	×	×	√	×	√	×		

方案		转动（自由度）			平动（自由度）			难易度	研制周期
		X 方向	Y 方向	Z 方向	X 方向	Y 方向	Z 方向		
方案三	载荷	√	√	√	√	√	×	极难	长
	平台	√	√	√	√	√	×		
方案四	载荷	√	√	√	√	√	×	难	长
	平台	×	×	×	×	×	×		
方案五	载荷	√	√	√	√	√	×	难	长
	平台	√	√	√	√	√	×		
方案六	载荷	√	√	√	√	√	×	极难	极长
	平台	√	√	√	√	√	×		

根据仿真要求，综合考虑，采用方案三——对接式双五自由度气浮的试验方案。

5.2　敏捷控制半物理仿真系统构建

浮体式卫星敏捷控制半物理仿真系统是一套并列式浮体式卫星地面模拟仿真验证系统。该系统基于两个五自由度气浮台，气浮台配置两轴平动位置测量和控制，三轴角度测量和控制，角速率测量，重心调整，综合信息采集、传输、处理系统等辅助系统。该系统用于浮体式卫星敏捷控制地面半物理仿真验证。

试验系统的用途是：

① 为浮体式卫星地面半物理仿真提供一个基本实验平台；

② 为浮体式卫星的构型、控制和关键元件研制提供物理验证。

同时，该系统设计上还可以用于其他一般卫星的姿态控制系统的物理仿真。

5.2.1　系统功能

浮体式卫星敏捷控制半物理仿真系统的功能有：

① 提供三轴气浮低扰动自由度运动；

② 实时输出三轴气浮台姿态角度和角速度信息；

③ 控制三轴气浮台姿态角度；

④ 完成三轴气浮台的调平；

⑤ 实时输出两轴平动位置信息；

⑥ 控制两轴平动位置。

5.2.2　基本原理

在地面重力场下,为了实现浮体式卫星姿态控制系统的物理仿真,采用2个气浮台。每个气浮台具有两个平动自由度、三个转动自由度。每个气浮台采用一个球面气浮轴承叠加两个相互正交的平动气浮轴承,卫星姿态控制系统安装在气浮台上,气浮轴承提供五自由度微干扰力矩悬浮,这里的微干扰力矩指的是气浮引入的不理想力矩,不包括重力与支承力不重合引起的力矩。

为了平衡卫星姿态动力学对象(包括被浮起的所有结构)的重力,三轴气浮力必须经过卫星姿态动力学对象(包括被浮起的所有结构)的重心,这个条件由自动重力平衡系统实现。安装在气浮台上的卫星姿态控制系统及气浮台的附属系统不能保证重力与支承力精确重合,只是可以保证粗略平衡。需要利用自动重力平衡系统实现高精度平衡。重力自动平衡系统能够实现重心的精确调整,使得气浮力刚好经过卫星姿态动力学对象的重心,重力引起的力矩被大部分排除掉。并且气浮轴承使卫星姿态动力学对象具有三个转动自由度。

气浮台需要设有角度测量和角速率测量,用以评价卫星姿态控制系统性能,或者用以代替卫星姿态角或角速度敏感器,以完成地面全闭环模拟仿真。角速率测量选用高精度光纤陀螺,直接安装在平台上。同时,气浮平台角度测量利用光学位置测量传感器,位置参考基准和控制计算机,实现气浮台的三轴姿态角实时测量和解算。

浮体式卫星姿态控制系统的物理仿真系统由两套五轴气浮台,安全辅助子系统,重心调整系统,气浮平台姿态测量子系统和综合信息采集、传输、处理子系统等子系统组成。整个系统原理框图及组成示意图如图5.7所示。

5.2.3　五自由度气浮平台台体

浮体式仿真系统由两套五轴气浮台组成如图5.8所示。机械构造主体是台面、台架,气浮轴承,气浮轴承基座,保护装置等。

5.2.3.1　台面、台架设计

台面和台架组成气浮台被浮起部分结构,台面装载卫星姿态控制系统的传感器、执行器等安装要求精度高的部件,台架安装卫星控制箱和电源等。

台面、台架设计考虑的因素有:承载力、安装精度、最小重量,其中承载力是强制指标,同时台面、台架应该能够承受安装过程的微弱冲击。

安装精度是为了保证测量精度的指标,为了准确测量三轴姿态,需要使转台三个名义轴与三个测量轴高度重合。为了保证安装精度,采取的措施是保证台面平面度指标,设立三轴方位参考。设立一个立方体作为三轴方位参考,通过实际调试

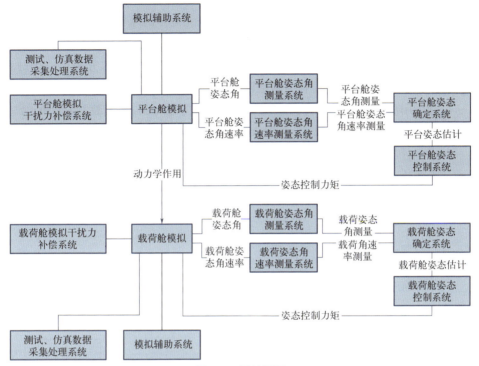

图 5.7 系统框图

使三轴方位参考偏差最小。

最小重量是为了使气浮台有最大的有效载荷,提供较大的安装灵活性。为了保证最小重量,台面、台架部分采用铝合金。

台面、台架设计还要保证三轴转动范围:±25°。

台面、台架设置通用机械安装螺孔和线缆布置通道。

台面、台架呈方形,之间由圆柱体连接。

台面、台架设计如图 5.9 所示。

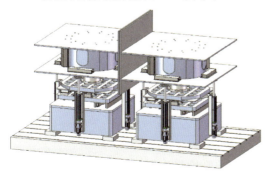

图 5.8 双五轴气浮台组成仿真系统(外观)

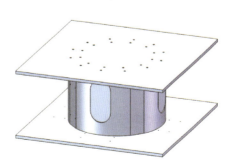

图 5.9 台面、台架设计

5.2.3.2   三自由度气浮轴承设计

气浮轴承是气浮台一个关键部件,是保证系统工作的基础。气浮轴承的作用有:一是使得五轴台台上面部分具有三个自由度;二是保证平衡掉台上的重力。为此,采用三轴气浮的方式实现这两个条件。气浮台的三轴转动部分采用一个球面气浮轴承,提供三自由度微干扰力矩悬浮。

设计采用球面气浮轴承,球面直径 $\phi300\text{mm}$,支承面 $\phi260\text{mm}$,最大偏转角 $\pm25°$。该设计配合台面设计,使支承中心在台架质心下方,易于台上部分重心平衡。

球面气浮轴承上部通过螺栓与台面固连,球面气浮轴承下部通过螺栓与气浮轴承支架固连。球面气浮轴承下部通过节流阀与稳定压力的压缩空气连接。

关于球面气浮轴承设计,采用球碗封闭,多节流孔,小孔节流设计,如图5.10所示。

5.2.4   压力空气供应系统设计

为了保证气浮系统长期稳定工作,气浮系统设计动密封压缩空气传送,参见图5.11。

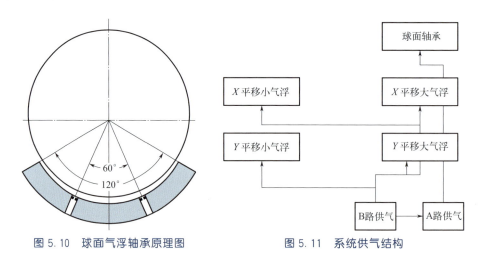

图 5.10   球面气浮轴承原理图   图 5.11   系统供气结构

气路设计 A、B 两路,A 路给三轴球面气浮轴承供气,B 路给 X、Y 平移轴承供气。A、B 两路同时供气,系统提供两平动三转动五自由度。A 路单独供气,系统提供三转动三自由度。

5.2.5   软件设计

整个仿真验证系统由计算机控制工作,相关功能集成到一个控制计算机中,有数据驱动通信,数据处理与评估,图形显示,测控终端,机构控制终端。程序有姿态测量程序,气浮台控制程序,通信程序等。

　　姿态测量程序完成气浮台姿态信号采集、滤波、解算、显示、通信、存储。测量程序信号采集由同步信号触发,同步信号源有计算机内部时钟和外部采样同步信号,选择由参数设定。使用外部采样同步信号可以使姿态测量数据和卫星姿态控制系统联系起来,方便数据传输、分析。滤波程序将高于可能的信号频谱范围的干扰滤掉。滤波采用二阶滤波,在每个测量数据通道上前置使用。滤波器设置可调整参数,参数可以设定。解算程序角度和角速度解算程序。解算程序将角度传感器和角速度传感器测量信号转换为姿态测量输出。

　　气浮台安全辅助功能,重心粗调功能,重心精调功能等集成在气浮台控制程序中。参数设定程序提供设定修改系统所有参数的界面,参数包括传感器参数设定,滤波参数设定,解算参数设定,通信参数设定等。

　　平衡调整软件用于实现三轴重心粗调整、三轴重心精调整以及电源控制功能。整个重心调整过程由一台计算机控制工作,平衡调整软件通过三个串口通信模块以及一个网络通信模块来完成整个系统的平衡调整和数据的采集。软件界面包括电源管理、平衡控制以及数据的显示,其软件框架如图 5.12 所示。

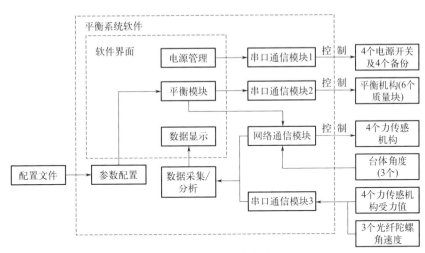

图 5.12　平衡调整软件框图

　　电源管理软件界面中电源管理部分是通过向一个独立的串口通信模块 1 发送指令来控制 4 个电源开关以及 4 个备份电源。4 个电源分别包括光纤陀螺、平衡执行器、喷气系统以及姿态控制系统的电源。

　　平衡模块完成该软件的核心功能。其功能之一是通过向串口通信模块 2 发送控制指令来控制 6 个平衡机构,从而调整平台的重心位置,6 个平衡机构分别是三轴的粗调平衡块和精调平衡块。功能之二是通过网络通信模块来控制 4 个力传感机构的运行,4个力传感机构是用来控制台面运动以及辅助粗调功能的。

数据采集/分析从两个模块获取平台数据,一是通过网络通信模块获取台体的三轴角度,二是通过串口通信模块3来获取4个力传感机构的受力值以及3个光纤陀螺角速度。而数据分析则是根据采集的信息计算出台体的三轴重心位置。参数配置功能没有给出界面,但能通过修改相应的配置文件来设置平衡模块所使用的参数。数据显示:粗调时显示三轴重心位置、4个力传感机构受力值等信息;精调时显示三轴角速度、三轴角加速度及三轴重心位置。

上位机软件具有集成化的操作界面,系统所有功能在一个集成界面控制下,包括:电源管理、粗平衡界面、精平衡界面。集成化的操作界面易于操作,界面清晰明了,各个界面独立而又不失协调。下面分别介绍各界面功能。

(1)电源管理

电源管理平衡调整软件整体界面如图5.13所示。电源管理位于平衡调整界面的左侧,能够控制光纤陀螺电源、平衡执行器电源、喷气系统电源、姿态控制系统电源以及4个备份电源。按钮上黑色的圆圈表示电源处于关闭状态,绿色圆圈表示电源处于打开状态。

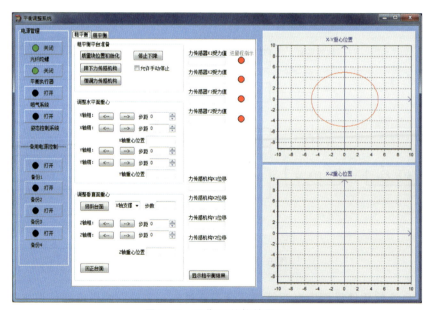

图5.13　平衡调整软件界面

为了防止误操作,在试图关闭电源时会提示确认操作,如图5.14所示。

(2)粗平衡界面

粗平衡界面粗平衡利用4个力传感机构(X1、X2、Y1、Y2)来进行平台的粗平衡,为后面的精平衡提供平台环境。界面如图5.15所示。

图 5.14 确认关闭电源窗体

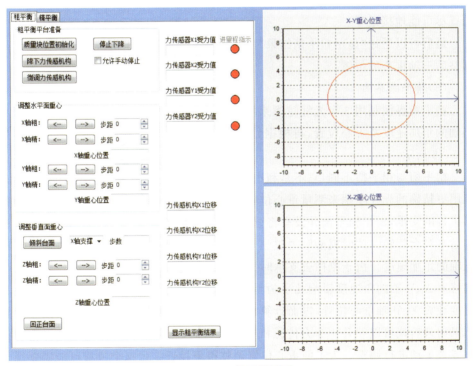

图 5.15 粗平衡界面

　　粗平衡过程首先要将 4 个力传感器调整到量程范围内,因此在粗平衡前也需要一定的准备工作。首先通过点击"质量块位置初始化"按钮给下位机发送初始化指令,下位机接收指令后会将所有的质量块都初始化到零位。接下来就是通过界面操作降下力传感机构,此时 4 个力传感机构会缓慢下降,在这个过程中软件会根据 4 个传感器的受力值自动判断是否停止下降(当然也可以通过指令手动停止)。

停止下降后 4 个力传感器的值应该都处于量程范围内(此时旁边的指示器会指示是否在量程范围内),若此时没有都处于量程内则需要手动调整使所有传感器进量程范围。当 4 个传感器都进入量程后可以通过"微调力传感机构"按钮来调整 4 个力传感器的受力值,使其都接近满量程的一半。

量程调整完成后,右侧的"X-Y 重心位置"就能够显示正确的水平面重心位置(其中红色圆圈外表示有传感器超量程)。此时就可以根据重心的位置来调整 X、Y 轴的粗调平衡块和精调平衡块来使重心位置尽可能地接近零。

水平面重心调整完后就需要调整垂直面重心,由于水平面重心已经调整完毕,此时需要倾斜台面台调整 Z 轴的重心位置,界面中可以选择使用 X 轴或 Y 轴来作为调整 Z 轴重心的支承轴,同时可以设定力传感机构抬起的步数(可以折算成倾斜角度)。与此同时,右侧的"X-Z(或 Y-Z)重心位置"会显示 Z 轴的重心位置,接下来就可以根据重心的位置来调整 Z 轴的粗调平衡块和精调平衡块来使 Z 轴重心位置尽可能地接近零。

最后可以通过"显示粗平衡结果"按钮来显示三轴粗精平衡块移动的距离以及调整后三轴重心的位置。

(3)精平衡界面

精平衡界面利用 3 个光纤陀螺来测量台体转动时三轴的角速度,继而计算出三轴的角加速度及重心位置,再根据计算所得数据来调整平台重心位置。界面如图 5.16 所示。

精平衡与粗平衡不同,它不是利用 4 个力传感器受力值来调整重心位置,而是利用更精确的光纤陀螺来测量重心位置并调整。因此在测量时要先撤去 4 个力传感机构的支承,由于粗平衡并没有将重心位置调到绝对的零位,因此撤去力传感机构后平台会旋转。此时就能够通过三轴的光纤陀螺测得三轴角速度,进而计算出三轴的角加速度。由于刚撤去支承时平台还是保持绝对水平的,因此 Z 轴的重心偏移对 X、Y 轴的角速度影响几乎为零,那么就可以根据此时测得的 X、Y 轴角加速度计算 X、Y 轴重心位置,进而计算出 X、Y 轴精调平衡块应调整的距离。计算结果出来后就可以回升 4 个力传感机构支承台面,然后根据计算结果选择自动调整或者手动进行调整。为了使重心位置调整得更接近零位这个过程可能需要反复好几遍,从而达到精度要求。

水平调整完成后同样需要精调 Z 轴的重心,由于之前水平重心已经调整得很精确,而 4 个力传感机构又几乎是绝对水平,因此调整 Z 轴时直接放下力传感机构平台可能不会动,这时就需要将平台按 X 轴或者 Y 轴倾斜,然后才撤去支承机构,使得平台能够在 Z 轴重心偏移的驱动下旋转,同样通过 Z 轴光纤陀螺测得 Z 轴角速度,再通过计算获得 Z 轴重心及 Z 轴应移动的量。计算结果出来后就可以回升

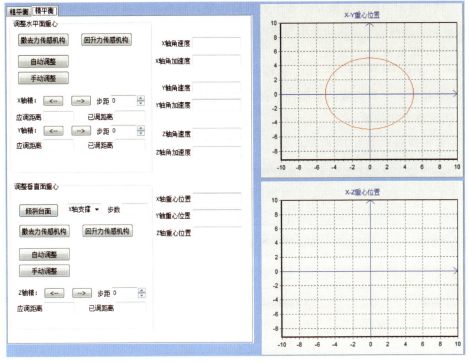

图 5.16　精平衡界面

4 个力传感机构支承台面，然后根据计算结果选择自动调整或者手动进行调整。这个过程同样可能需要反复好几遍，从而达到精度要求。

调整结束后界面中会显示最后的三轴重心位置。

监控软件用于监控三轴的角度、角速度以及姿态信息。另外还包含一个历史查询界面，其软件框架如图 5.17 所示。

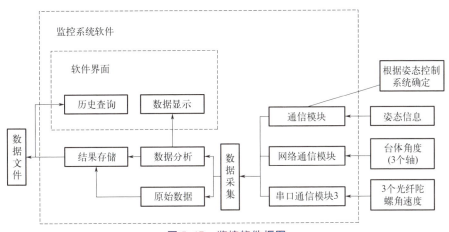

图 5.17　监控软件框图

软件界面中包含数据显示及历史查询功能。数据采集从三个模块获取平台数据：一是通过网络通信模块获取台体的三轴角度，二是通过串口通信模块 3 来获取 3 个光纤陀螺角速度，三是通过一个通信模块来获取平台的姿态信息。数据显示三轴的角度、角速度以及姿态信息。历史查询功能可查询三轴的角度、角速度以及姿态信息。

监控软件主要完成的是监控平台角度、角速度及姿态信息，由于主要工作是监控，因此界面比较单一。

监控界面如图 5.18 所示。

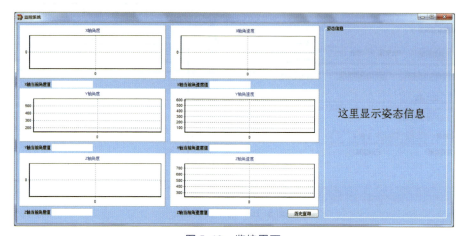

图 5.18   监控界面

监控界面的工作就是监控三轴角度、角速度及姿态信息，其中角度、角速度以曲线的形式加以显示，同时也会显示当前的值。

历史查询界面用于查询历史数据，界面如图 5.19 所示。

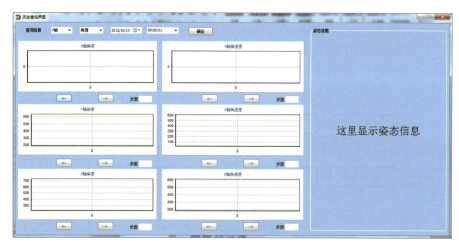

图 5.19   历史查询界面

历史查询界面与监控界面类似，能够查询所有监控界面数据，另外提供两个简单功能，一是可以选择查询的数据类型、查询哪个轴的数据、数据保存时间，二是可以调整每个曲线显示的横坐标。

5.3　其他分系统

5.3.1　气浮平台控制系统

气浮平台设置平移位置和转动角位置控制系统，目的是给仿真设定初始条件。控制执行器使用音圈电机，安装在测角基准台上。驱动电子线路由计算机控制。

气浮平台控制系统还包括中心平衡系统。由于气浮台系统工作在地面重力环境中，为了避免重力的影响，系统中设计一套重心平衡系统。重心平衡系统的功能是调节气浮台的重心，使气浮台上部分的重心与支承力的交点重合，使重力引起的外力矩为零。

由于重心偏移造成的重力力矩是气浮台的最大干扰力矩，重心调整精度对仿真系统至关重要。所以仿真系统设置了重心粗调子系统和重心精调子系统。重心粗调子系统的目的是快速达到重心的粗略对准，重心精调子系统的目的是使重心实现精确对准。

重心粗调子系统由力传感器、控制计算机和自动滑块组成。粗调质量滑块由质量块、导轨、驱动轴、驱动电机、位置检测装置、驱动控制器组成。粗调自动滑块接收控制计算机的位置指令，自动移到指令标示的位置。重心调整机构原理图、外形图及工作流程如图 5.20～图 5.22 所示。

图 5.20　重心调整机构原理图

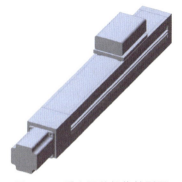

图 5.21　重心调整机构外形图

为了模拟轨道力学环境，气浮平台工作时，其支承力与重心要高度重合。以

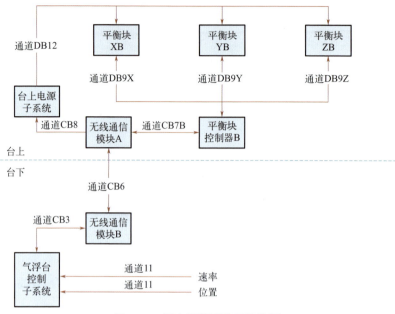

图 5.22　重心调整系统工作流程

1000kg 平台为例,为了使平衡力矩小于 0.1mN·m,则平台重心偏移不超过 10^{-8}m。所以系统设置了重心精确调整子系统,用来实现高精度重心调整。重心精确调整子系统与重心粗调整子系统在组成元件和工作原理上有很大不同,两者协同工作,系统粗调整子系统帮助快速完成重心调整,重心精确调整子系统实现最终精确重心指标。重心调整精度决定地面模拟实验的成功与否和置信度,因此也是气浮平台核心技术的一个关键。

重心精确调整子系统由高精度光纤速率陀螺、控制计算机、无动量质量自动滑块组成,同时还引入气浮平台角度测量信息。

采用无动量质量自动滑块的原因是排除动量对闭环控制系统的干扰。

重心精确调整子系统根据光纤速率陀螺对平台做角变化速率测量,计算速度矢量,进而计算重心矩矢量,通过无动量质量自动滑块补偿重心矩矢量,直至其接近于零。

重心调整机构在气浮台上的位置如图 5.23、图 5.24 所示。

5.3.2　安全辅助子系统

球面气浮轴承平台在浮起时提供三个角度转动自由度,如果有外力作用,或者重心偏移,可能造成倒台。另外在正常工作过程中,也可能有失控的现象发生,因此要求装备安全辅助系统,保证在上述两种情况下平台的安全性。同时,在平台仿真系统初始建立安装时,安全辅助系统也提供方便性。

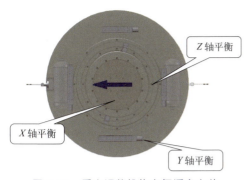

图 5.23 重心调整机构在气浮台上的
位置(俯视)

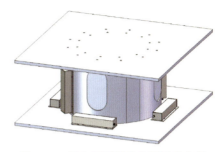

图 5.24 重心调整机构在气浮台上的
位置(正轴测)

安全辅助系统主要由电动执行器和控制计算机构成。电动执行器推力可以克服最大可能重量偏心,当需要时,执行器可以动作,使气浮平台归位。当执行器伸到复位位置时,平台被强迫回到初始位置。系统设置有紧急开关,通过紧急开关可以给出归位命令。归位命令也可以由计算机操作界面给出。在平台系统正常工作时,执行器处在收缩状态。在最低位置,平台可以在工作范围内自由转动。

粗调平程序需要平台倾斜,所以安全辅助系统的执行器要有几个不同的伸长位置,因此,设计的执行器是具有位置传感器的闭环控制方式工作。

5.3.3 电气系统设计

系统电气系统分 4 块:台上系统、平台系统、基座系统和操作台系统。

台上系统包括:光纤陀螺组合、无线传输模块、重心调整执行器、重心调整驱动电子、DC-DC 电源、电池。

平台系统包括:X 平移测量、X 轴平移驱动、X 轴平移驱动电子、Z 轴角位移测量、Z 轴角位移驱动、Z 轴角位移驱动电子、Y 轴角位移测量、Y 轴角位移驱动、Y 轴角位移驱动电子、X 轴角位移测量、X 轴角位移驱动、X 轴角位移驱动电子、X 轴角位移控制、X 轴角位移控制电子、Y 轴角位移控制、Y 轴角位移控制电子、Z 轴角位移控制、Z 轴角位移控制电子、无线通信模块、DC-DC 电源、电池。

基座系统包括:Y 平移测量、Y 轴平移驱动、Y 轴平移驱动电子、电缸 1、电缸 2、电缸 3、电缸 4、电缸驱动电子。

5.3.4 综合信息采集、传输、处理子系统

系统包括:实时无线采集系统(包括实时系统以及板卡)、信号输入输出调整、控制台以及操作、管理控制软件。

台上、台下之间通信采用无线数字双工通信。数字编码采用异步串行方式,设2个停止位、1个校验位。与此同时,台下数据采样传输可以直接进行。反向从台下向台上传输也有一样的通信。数据构成分为实时数据和参数设定。台下数据与数字实时仿真系统连接,包括:数据驱动、数据处理与评估、图像显示终端、测控终端、机构控制终端。系统原理框图见图5.25。

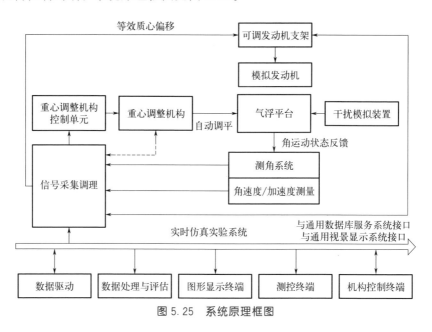

图 5.25　系统原理框图

参 考 文 献

[1]　刘磊.先进航天器动力学与控制[M].北京:科学出版社,2023.

[2]　张尧,盛超.航天器姿态控制系统设计与时间[M].北京:北京理工大学出版社,2023.

[3]　李延斌.三轴气浮台不平衡力矩分析及台体优化设计[M].北京:机械工业出版社,2017.

[4]　李旭东.基于气浮台的航天器姿轨控地面模拟系统关键技术研究[D].哈尔滨:哈尔滨工业大学,2021.

[5]　张磊.卫星地面全物理仿真系统关键技术研究[D].哈尔滨:哈尔滨工业大学,2021.

[6]　吴敬玉,陈秀梅,钟超,等.基于三自由度气浮台卫星姿态控制系统仿真[J].兵工自动化,2018,37(07):51-55.

[7]　林鲁超.小卫星敏捷姿态控制及全物理仿真技术研究[D].长春:中国科学院大学(中国科学院长春光学精密机械与物理研究所),2019.

第6章

浮体式卫星敏捷控制地面验证

前面描述了浮体式卫星动力学与敏捷控制律的设计方法,并通过数值仿真对模型进行了分析研究。然而,动力学模型难以充分描述工程试验环境下的诸多复杂非线性影响因素,为进一步验证浮体式卫星敏捷控制方法的应用性能,本章采用虚拟样机方法和半物理仿真方法进行研究。对于舱间线缆的非线性耦合现象,采用有限元和虚拟样机仿真方法进行定量分析,以得到量化线缆耦合效应影响的指导模型;对于无重力环境的地面模拟,采用基于气浮台的全物理试验系统对单轴机动指标进行动中成像任务验证。

6.1　敏捷控制数值仿真

浮体式卫星敏捷控制系统数值仿真框图如图 6.1 所示,共有 3 个控制回路,包括载荷舱主动姿态控制、平台舱从动姿态控制和两舱相对位置控制,其中载荷舱控制采用自适应控制方法,两舱相对位置采用基于状态观测器的 PD 控制,利用观测器估计卫星平台的外界干扰与挠性部件影响并进行补偿。控制系统基于MATLAB/Simulink 系统搭建,数值积分方法均采用 4 阶 Runge-Kutta 法。

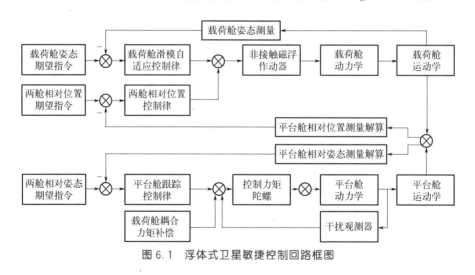

图 6.1　浮体式卫星敏捷控制回路框图

相关仿真见本书 4.3.2 节,此处不再赘述。

6.2　敏捷控制半物理仿真

由于重力不平衡及其气浮干扰摩擦的量级远远大于卫星在轨的干扰状态,且受限于对接式双五自由度气浮系统的物理约束,在俯仰和滚转方向不能达到机动能力,仅在单轴方向可实现机动能力的验证,因此采用基于气浮台的单轴超敏捷-高平稳-快速稳定全物理试验系统对偏航方向的机动指标进行验证,试验方案如图 6.2 所示。

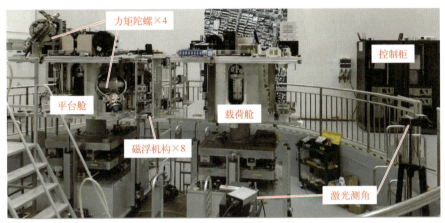

图 6.2 地面气浮台最终上单机后方案图

测试流程分为:单机调试、两舱组装、试验准备、试验过程和试验结果记录五部分,如图 6.3 所示。试验过程见图 6.4。

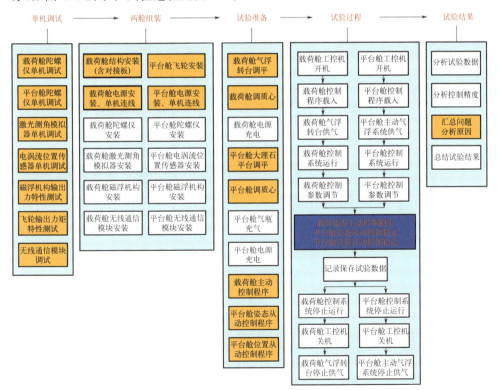

图 6.3 测试流程图

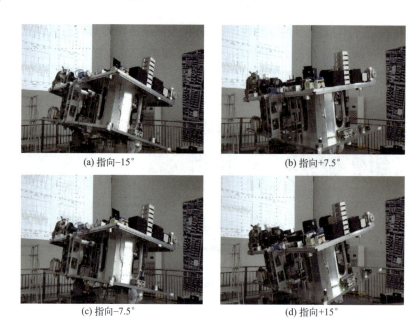

(a) 指向−15°　　　　　　　　　　　　　(b) 指向+7.5°

(c) 指向−7.5°　　　　　　　　　　　　　(d) 指向+15°

图 6.4　试验过程图

　　基于气浮台的单轴超敏捷-高平稳-快速稳定全物理试验系统搭载的高精度测角系统、高精度光纤陀螺仪等敏感器实现机动角度、最大角速度和动中成像过程姿态稳定度的直接测量,最大角加速度用高精度光纤陀螺仪的数据差分获得,根据上述试验结果:机动角度指标为优于 $30°/10s$,最大角速度优于 $6.0°/s$,最大角加速度指标优于 $1.5°/s^2$,动中成像过程姿态稳定度指标优于 $1×10^{-4}°/s$,见图 6.5。

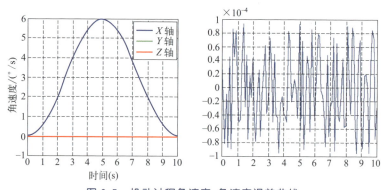

图 6.5　机动过程角速度、角速度误差曲线

6.3　敏捷控制虚拟样机仿真

　　工程试验中可以发现,尽管所建立模型已经较为复杂,仍难以完全模拟真实的动

力学场景,包括柔性线缆在内的诸多复杂非线性耦合现象依旧难以采用数学模型的方式表述;同时数学计算过程中的简化步骤也成为新的误差来源。本小节所研究的线缆耦合浮体式卫星动力学是一个复杂刚柔耦合多体系统,动力学模型与运动学模型呈现强非线性且多变量耦合,舱间柔性线缆的自由度是刚体模型的 2 倍。本小节采用虚拟样机技术进行建模分析,通过直接分析实体的动力学特性对原模型进行验证。

多体动力学分析软件 Adams 结合了卫星建模、结构分析、控制系统设计、联合仿真等多种技术,本节在 Adams 中建立了一个"载荷舱-柔性线缆-平台舱"构成的虚拟样机,研究思路如图 6.6 所示。对于线缆的建模,首先采用有限元软件进行分析,并将柔性线缆导入 Adams 环境中,其余两舱简化为刚体建模。利用 MATLAB/Simulink 与 Adams 联合仿真,将卫星姿态机动控制律通过软件接口与 Adams 中的虚拟样机模型对接,实现 Adams 与 MATLAB 的联合仿真,结果验证模型正确性与控制策略有效性。

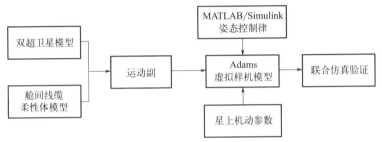

图 6.6　虚拟样机仿真研究思路图

6.3.1　虚拟样机建模

为模拟空间无重力环境,设置仿真环境为"无重力场"。本节主要分析舱间柔性线缆对载荷舱机动性能的影响,将浮体式卫星载荷舱和平台舱均用刚体表示;两舱由 3-3 排列的线缆簇相连接,且设置为柔性体。虚拟样机模型如图 6.7 所示。

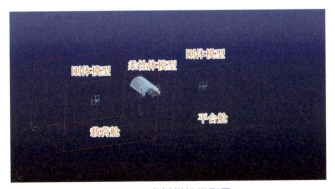

图 6.7　虚拟样机模型图

首先对线缆模型进行模态分析,单根线缆的前四阶振型如图 6.8～图 6.11 所示,多根线缆簇前六阶振型如图 6.12～图 6.17 所示。

图 6.8　单根线缆一阶振型

图 6.9　单根线缆二阶振型

图 6.10　单根线缆三阶振型

图 6.11　单根线缆四阶振型

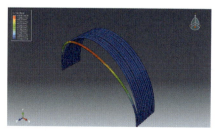

图 6.12　线缆簇一阶振型

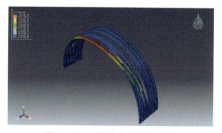

图 6.13　线缆簇二阶振型

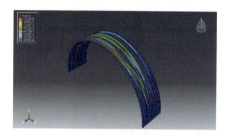

图 6.14　线缆簇三阶振型

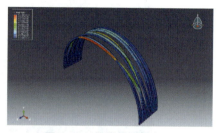

图 6.15　线缆簇四阶振型

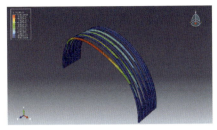
图 6.16 线缆簇五阶振型

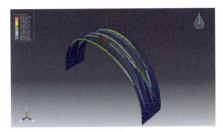
图 6.17 线缆簇六阶振型

利用 Adams 的 Aggregate Mass 模块计算两舱的惯量参数,如表 6.1 所示。

表 6.1 两舱惯量参数

部件	$I_{xx}/\text{kg} \cdot \text{m}^2$	$I_{yy}/\text{kg} \cdot \text{m}^2$	$I_{zz}/\text{kg} \cdot \text{m}^2$	$I_{xy}/\text{kg} \cdot \text{m}^2$	$I_{xz}/\text{kg} \cdot \text{m}^2$	$I_{yz}/\text{kg} \cdot \text{m}^2$
载荷舱	1300	800	700	−50	30	20
平台舱	1500	900	800	−30	25	18

舱间线缆与两舱添加固定约束,本节仅考虑单自由度转向,因此为两舱添加转动副与驱动,如图 6.18 所示,构成"刚体-柔性线缆-刚体"虚拟样机模型。

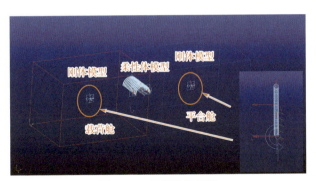
图 6.18 虚拟样机模型

6.3.2 虚拟样机仿真试验

舱间线缆具有复杂的非线性动力学特性,尽管前文分别针对稳态和机动过程的线缆进行研究,但所建模型仍无法全面表示线缆的动态特征。基于此,利用 Adams 环境与 MATLAB 进行联合仿真,验证上文所设计控制算法的有效性,联合仿真框图如图 6.19 所示。Simulink 动力学模块如图 6.20 所示。为模拟无重力环境,将仿真结果与星上姿态机动试验数据进行对比分析,星上机动数据如图 6.21～图 6.27 所示。

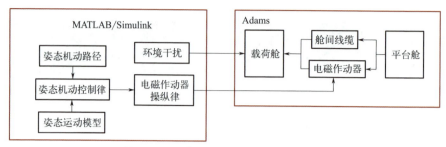

图 6.19　浮体式卫星机动联合仿真框图

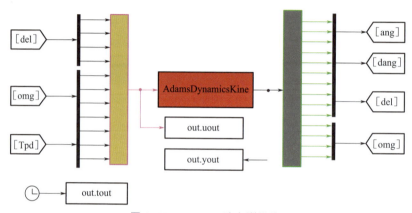

图 6.20　Simulink 动力学模块

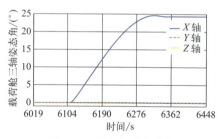

图 6.21　星上机动姿态角

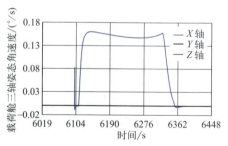

图 6.22　星上 X 轴姿态机动角速度

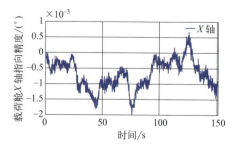

图 6.23　星上载荷舱 X 轴指向精度

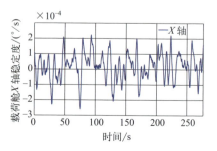

图 6.24　星上载荷舱 X 轴稳定度

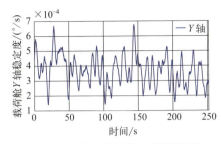

图 6.25 星上载荷舱 Y 轴稳定度

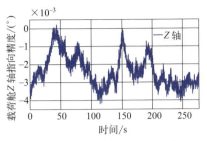

图 6.26 星上载荷舱 Z 轴指向精度

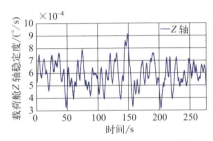

图 6.27 星上载荷舱 Z 轴稳定度

在 Adams 中建立环境变量,设置输出变量:姿态角度、角速度;输入变量:干扰力矩,作动器合力矩。选择 X 轴为机动轴,仿真结果如图 6.28 所示。

基于上述结果可以发现,星上载荷舱三轴指向精度可以达到 $[3 \quad \backslash \quad 4.5] \times 10^{-3}(°)$,姿态稳定度可以达到 $[5 \quad 6 \quad 7] \times 10^{-4}°/s$。星上机动过程中,为避免引发舱间线缆的低频振动,机动角速度设定为 $0.15°/s$,因此机动过程较长,但在机动过程开始时仍由于引发线缆振动现象造成角速度的突变。由于数据采集原因,Y 轴指向精度未能得到合理数值。在虚拟样机仿真研究中,采用正弦机动路径来避免舱间连接线缆的激振现象,期望能够得到较快的机动速度。仿真结果如图 6.28～图 6.35 所示。

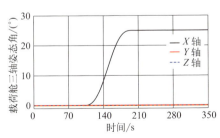

图 6.28 载荷舱三轴机动姿态角

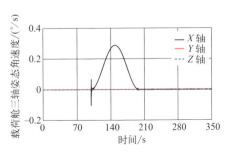

图 6.29 载荷舱三轴机动角速度

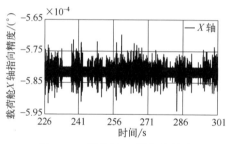

图 6.30　载荷舱 X 轴指向精度

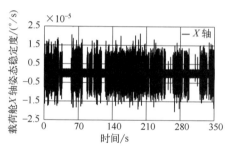

图 6.31　载荷舱 X 轴稳定度

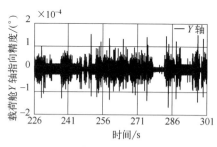

图 6.32　载荷舱 Y 轴指向精度

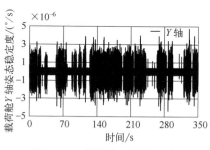

图 6.33　载荷舱 Y 轴稳定度

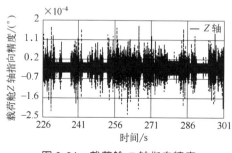

图 6.34　载荷舱 Z 轴指向精度

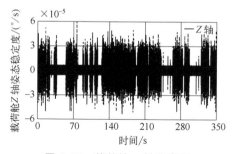

图 6.35　载荷舱 Z 轴稳定度

仿真结果显示,载荷舱在 140s 内以最大达 0.28°/s 的角速度完成姿态机动过程,三轴姿态指向精度可以达到 $[6\ \ 4\ \ 5]\times10^{-4}(°)$,三轴姿态稳定度可以达到 $[5\ \ 1\ \ 1.5]\times10^{-5}°/s$。综上可知,本节所设计控制方法有效抑制了线缆振动,且实现了更快的机动速度。

6.4　本章小结

本章验证了浮体式卫星敏捷控制方法在动中成像任务中的控制性能。相较于卫星在轨空间环境的扰动,基于气浮台的单轴全物理试验系统受到的重力不平衡和气浮摩擦干扰量级更大,研究结果表明,浮体式卫星的机动性能和动中成像稳定性能满足应用需求;采用虚拟样机方法对舱间线缆耦合效应进行定量分析,为后续浮体式卫星设计中舱间线缆选型提供参考。

参 考 文 献

［1］　朱圣英,崔平远,徐瑞.航天器控制系统建模与仿真［M］.北京:高等教育出版社,2022.

［2］　张伟.浮体式航天器动力学与控制［M］.北京:科学出版社,2022.

［3］　Pedreiro N,Gonzales M,Foster B,et al. Agile disturbance free payload［C］. AIAA Guidance,Navigation,and Control Conference and Exhibit. 2005:5876.

［4］　Trankle T,Pedreiro N,Andersen G. Disturbance free payload flight system analysis and simulation methods［C］. AIAA Guidance,Navigation,and Control Conference and Exhibit. 2004:5875.

［5］　洪嘉振.计算多体系统动力学［M］.北京:高等教育出版社,1999.

［6］　李军,陶永忠.MSC. ADAMS FSP 基础培训教程［M］.北京:清华大学出版社,2004.

［7］　Tahmasebi M,Esmailzadeh S M. Modeling and co-simulating of a large flexible satellites with three reaction wheels in ADAMS and MATLAB［J］. International Journal of Dynamics and Control,2018,6:79-88.

［8］　Jin M,Yang H,Xie Z,et al. Ground simulation experiment verification of space robot with ADAMS and Simulink co-simulation［C］. 2013 IEEE International Conference on Robotics and Biomimetics (ROBIO). IEEE,2013:2529-2534.